国家重点研发计划（2016YFC0600900）资助
国家自然科学基金（51474135、51774192）资助

深井围岩微裂隙粗糙度特性与渗流机理

乔卫国　宋伟杰　张帅　著

中国矿业大学出版社

内 容 提 要

本书以深井砂岩微裂隙为研究对象,综合运用室内试验、理论分析、数值模拟等技术手段,研究了不同类型深井砂岩的物理与力学特性,研制了微裂隙砂岩相似模型并讨论了其损伤机制,提出了微裂隙三维粗糙度的表征方法,并构建了微裂隙粗糙度指标 JRI,揭示了粗糙度因素作用下的微裂隙渗流规律,对完善裂隙岩体水力学理论起到一定的推动作用。

图书在版编目(C I P)数据

深井围岩微裂隙粗糙度特性与渗流机理 / 乔卫国,宋伟杰,张帅著. — 徐州:中国矿业大学出版社,2018.12
ISBN 978 - 7 - 5646 - 4273 - 0

Ⅰ. ①深… Ⅱ. ①乔… ②宋… ③张… Ⅲ. ①深井—围岩—微裂隙—裂缝渗流—研究 Ⅳ. ①TD745

中国版本图书馆 CIP 数据核字(2018)第297507号

书 名	深井围岩微裂隙粗糙度特性与渗流机理
著 者	乔卫国 宋伟杰 张帅
责任编辑	杨 洋
出版发行	中国矿业大学出版社有限责任公司
	(江苏省徐州市解放南路 邮编 221008)
营销热线	(0516)83884103 83885105
出版服务	(0516)83885789 83884920
网 址	http://www.cumtp.com E-mail:cumtpvip@cumtp.com
印 刷	江苏凤凰数码印务有限公司
开 本	787×1092 1/16 印张 8 彩插 2 字数 210 千字
版次印次	2018 年 12 月第 1 版 2018 年 12 月第 1 次印刷
定 价	32.00 元

(图书出现印装质量问题,本社负责调换)

前　言

　　我国是世界上最大的煤炭生产和消费国,煤炭资源消费量一直占据国内一次能源消费结构中的60％以上。煤炭资源作为我国能源结构中的主体构成部分,支撑着我国经济与社会的发展。随着人类对煤炭的持续开采利用,近年来我国浅部煤炭资源日益减少和枯竭,煤炭资源开发不断走向地球深部,千米级深井煤炭资源开采已成为资源开发中的常态。然而,进入1 000～2 000 m的深部开采,煤炭资源赋存的地质环境越来越复杂,将面临严峻的深部开采问题。其中,深井井筒井壁是矿井建设与生产过程中亟须解决的问题。诸如,高地应力、高地温、高瓦斯、高渗透水压等引起的一系列突发性工程灾害。尤其深井巷道围岩微裂隙渗水的问题,更是摆在岩土领域专家与学者面前的一道难题。

　　本书围绕深井围岩微裂隙渗水这一科学问题,综合运用室内试验、理论分析、数值模拟等手段系统研究微裂隙粗糙度特性及渗流规律。从试验研究的角度揭示了深井砂岩的物理与力学性质,研制了微裂隙砂岩相似模型并讨论了其损伤机制;提出了一种裂隙三维粗糙度的表征方法,可以快速、准确评价岩体结构面粗糙度;研发了微裂隙三轴应力渗流模型试验系统并利用光纤光栅传感器对微裂隙渗流过程中的表面应变进行实时监测,对深井围岩微裂隙渗流机理的研究具有理论价值与指导意义。

　　本书由乔卫国、宋伟杰、张帅共同撰写,是作者在微裂隙岩体方面多年的研究成果及工程实践的集中体现。全书由乔卫国统筹策划与安排,李彦志、陈朋成、席恺、王继垚、秦军令参与了部分章节的整理工作。

　　在本书撰写过程中,北京中岩大地科技股份有限公司、深部岩土力学与地下工程国家重点实验室等单位给予了大力支持,在此表示衷心的感谢。感谢为本书顺利出版提出宝贵意见的专家和学者。本书由国家重点研发计划(2016YFC0600900)、国家自然科学基金(51474135、51774192)联合资助。

　　由于作者水平有限,书中难免有疏漏和不足之处,衷心希望读者批评指正并提出宝贵意见。

作者

2018 年 10 月

目　　录

1 绪 论

煤炭是我国的主体能源,煤炭工业是关系能源安全和国民经济命脉的重要基础产业。研究指出,到 2030 年,煤炭在我国能源消耗中的比重仍将占 55% 左右,因此煤炭在国民经济和社会发展中占重要地位,具有不可替代性。在长期大强度的开采中,浅部煤炭资源储量逐渐减少,煤炭开采的深度越来越大。国家发展与改革委员会在煤炭工业发展"十三五"规划中明确指出,安全生产形势依然严峻,煤矿地质条件复杂,水灾害愈发严重。科技部已将 2 000 m 以浅深部煤矿建井与开采技术研究列为国家"十三五"重点科技专项,进行超前研究和技术储备。因此加强深部矿井煤炭资源开发和生产是我国煤炭工业今后发展的必然趋势,而深井围岩微裂隙渗水是制约深井高效利用的难题之一,其关键在于对微裂隙粗糙度特性及渗流机理的研究。

1.1 研究背景及意义

煤矿深井井筒穿过的岩层,大部分为富含水且裂隙发育的沉积砂岩,诸如二叠系—石盒子组—山西组石英质胶结砂岩及侏罗系—直罗组泥质胶结砂岩等裂隙砂岩是地下工程建设中的主要充水含水层之一。井筒掘砌过程中伴随着大量渗水,采用普通水泥进行壁后注浆,可以对砂岩中较大的裂隙实现有效封堵,千米深井井筒进行现场监测结果表明,井筒残余涌水量最大可降至 15 m³/h 左右。当对井筒浅部和深部作为渗水通道的较大开度裂隙进行封堵后,残余涌水量主要集中在井筒 700~1 000 m 以深范围内的砂岩地层。井壁漏水的主要特征表现为,以大面积均匀汗渗形式出水,未产生明显的集中出水点,使得注浆堵水后井筒总漏水量仍超过验收规范上限(≤6 m³/h)。取样电镜分析表明,该砂岩渗水通道属开度为 0.03~0.1 mm 的微裂隙。裂隙砂岩涌水流量较大,有一定规模含导水构造且分布范围较广。因此,深井井筒微裂隙注浆堵水难题成为制约井筒快速掘进和井筒正常移交的瓶颈。而且井壁长期漏水,会诱发深部混凝土井壁及岩体失稳,导致井筒提升设备停运、人员不能正常升井事故,延误井筒建设工期和生产,经济损失巨大。随着深度的增加和水压增高,发生这类灾害的可能性增大,由此造成的损失将更加严重。

岩石作为一种非连续性介质材料,内部含有大量不同形态、尺寸的微裂隙。这些裂隙通常具有多样的几何形态与不确定性的空间分布特征,同时彼此连接、贯通形成复杂的裂隙网络结构。岩石内部裂隙及裂隙流体的存在直接影响着岩石的物理、力学性质,如强度、渗透性等。

目前对微裂隙进行系统性研究的成果较少,关于微裂隙的定义尚未有统一的认识。龚高武(2007)、李术才等(2017)从地质意义和防渗注浆的角度对微裂隙开展了一系列研究,卓有成效,描述了微裂隙的基本特征。部分观点认为微裂隙主要是指开度小于 0.1 mm、透水率小于 10 Lu 的细小裂隙。鉴于本研究以微裂隙渗流机理为目标,从透水性和可注性角度,将岩体微裂隙定义为初始开度小于或等于 0.1 mm、高水压下呈现面渗出水的细小裂隙。

已有的工程实践表明,可注性是限制深井孔隙注浆堵水技术发展的重要因素。要保证通过注浆法封堵岩体微裂隙渗水技术的可靠性,必须解决的科学问题是研究不同应力状态下流体在微裂隙中的渗流规律。因此,确定微裂隙表面粗糙度的评价方法及其对岩石渗流特性的影响,揭示微裂隙渗流机理,对于矿井建设乃至隧道工程、水利工程中实际问题的解决具有十分重要的意义。

微裂隙粗糙度是流体渗流模型中的重要参数之一,渗流模型的合理与否关键在于粗糙度评价方法,微裂隙的开度决定了其粗糙度评价方法相对于传统粗糙度评价方法应该更加精细化、系统化。结合微裂隙物理力学参数,科学、合理地描述微裂隙表面形态的粗糙度指标,并探索深部高应力条件下微裂隙的渗流机理是本课题的核心任务。

深井围岩中微裂隙粗糙度特性及渗流机理研究的难点在于:第一,深井砂岩的基本物理力学性质,特别是对其砂岩的微观结构及水理特性的系统性研究方面成果较少。第二,深井围岩微裂隙具有普通裂隙的基本特点,然而也具有其特殊性。在宏观角度上,微裂隙具备一定的起伏角度、起伏的方向性、起伏的分布特点以及粗糙度的分形特性。在微观角度上,微裂隙表面岩石颗粒尺寸与微裂隙开度相比,岩石颗粒尺寸不可忽略不计时,影响普通裂隙粗糙度的主要因素为裂隙表面的宏观起伏参数;当微裂隙表面岩石颗粒尺寸比微裂隙开度更小或较为接近时,影响微裂隙粗糙度的主要因素在于微裂隙表面岩石颗粒的形态参数。研究对象决定了粗糙度的评价方法需要较高的精确度与稳定性,而工程应用背景决定了粗糙度的评价方法需要较高的效率与适应能力,这使得目前极少有针对微裂隙粗糙度评价方法的相关研究。第三,基于微裂隙渗流条件下的水力耦合特性的相关研究较少,未认识到在微小通道条件下渗流场和应力场的相互作用规律及微裂隙表面粗糙度产生的影响。第四,由于微裂隙渗流过程主要体现于微观环境中,造成其试验监测的复杂化,缺乏相应的试验研究成果及对全过程动态实时监测的研究,目前微裂隙渗流机理的研究多集中于理论,试验方面的成果极少。

目前,国内外学者在裂隙的粗糙度指标评价、裂隙围岩的水力耦合特性及渗流机理等方面开展了大量的科学研究及工业性试验,而对微裂隙围岩的相关研究涉及甚少。因此,本书以开发千米深井资源,治理深部围岩水害为契机,以深井砂岩为研究对象,基于理论分析与试验研究,揭示砂岩的物理与力学性质,研制了微裂隙砂岩相似模型并讨论了其损伤机制,提出了微裂隙三维粗糙度的表征方法,并构建了微裂隙粗糙度指标 JRI,揭示了不同粗糙度条件下微裂隙渗流规律,为深部围岩微裂隙注浆堵水的实现提供了理论基础,对我国深部地下工程的开发和资源利用具有重要的现实意义和工程应用价值。

1.2　研究现状

1.2.1　岩体裂隙表面粗糙度特性研究

工程岩体内部往往存在节理、裂隙、断层等不连续面,这些不连续面破坏了岩体的完整性,控制着岩体的强度、变形及渗透等特性,进而影响岩体工程的稳定与安全。粗糙度是影响节理面的力学特性的重要因素,而天然节理的表面形态具有一定的随机性与复杂性,因此,如何有效描述节理面的粗糙度是研究岩体节理面力学特性的基础。

1.2.1.1 裂隙粗糙度定量表征方法研究现状

国内外学者对岩体节理粗糙度表征方法开展了大量的科学研究,卓有成效。1973 年,N. Barton 通过模型拉伸断裂的直剪试验推导了岩体节理峰值剪切强度经验公式,在国际上首次提出了粗糙度系数 JRC 的概念。

$$\tau = \sigma_n \tan\left[JRC \lg\left(\frac{JCS}{\sigma_n}\right) + \varphi_b\right] \tag{1-1}$$

式中 τ——节理峰值剪切强度;

σ_n——作用于节理面上的正应力;

JRC——节理粗糙度系数;

JCS——节理壁面强度;

φ_b——基本摩擦角。

N. Barton 和 V. Choubey(1977)为直观地表征 JRC 值,在大量岩石试件剪切试验的基础上,提出了 10 条典型节理轮廓线,其表征的 JRC 取值范围在 0~20 之间,如表 1-1 所示。1978 年国际岩石力学学会将 N. Barton 和 V. Choubey 提出的该方法作为评估节理粗糙度的标准方法。

表 1-1 标准节理轮廓线

编号	标准剖面	JRC 取值
1		0~2
2		2~4
3		4~6
4		6~8
5		8~10
6		10~12
7		12~14
8		14~16
9		16~18
10		18~20

R. Tse 和 D. M. Crudent(1979)基于 Myers 和 Sayles 的研究成果采用 8 个参数对 Barton 标准轮廓线开展了定量化研究,结果表明,参数二维节理轮廓线平均坡度均方根 Z_2、结构函数 SF 与岩石节理粗糙度 JRC 关联程度最高,并建立两个参数与节理粗糙度系数 JRC 的函数关系。

$$JRC = 32.20 + 32.47\lg Z_2 \tag{1-2}$$

$$JRC = 37.28 + 16.58\lg SF \tag{1-3}$$

式中 Z_2——二维节理轮廓线平均坡度均方根;

SF——结构函数。

谢和平等(1997)将分形理论用于描述岩石节理的粗糙度,并分析了分形参数对剪切特性的影响,并且分形理论作为科学领域中研究不规则形态的一种有效研究手段已引起众多学者的关注。

EI-Soudani(1978)提出了用 R_p 表示物体的线粗糙度。R_p 为迹线长度与其直线长度的比值,表达式为:

$$R_p = \frac{\sum_{i=1}^{n-1}\left[(x_{i+1}-x_i)^2+(y_{i+1}-y_i)^2\right]^{1/2}}{L} \tag{1-4}$$

式中　x_{i+1},x_i——第 $i+1,i$ 个坐标点横坐标值;

　　　y_{i+1},y_i——第 $i+1,i$ 个坐标点纵坐标值;

　　　L——节理迹直线长度。

Yu 和 Vayssade(1991)对 10 条标准轮廓线开展研究后发现,节理轮廓线的采样间隔对回归模型结果会产生显著影响,通过设置 0.25 mm、0.5 mm、1.0 mm 的节理采样间隔,获得了平均坡度均方根 Z_2、结构函数 SF、起伏角标准偏差 SD_i 与 JRC 的关系。

Grasselli 等(2002)基于 37 个节理试件的剪切试验,对试验数据进行回归分析,发现了参数最大视倾角 $\theta_{\max}^*$ 和视倾角分布参数 C 与节理面的粗糙度 JRC 之间的函数关系式。

$$JRC = \frac{\arctan\{\tan[\varphi_b+(\theta_{\max}^*/C)]\cdot[1+e^{(\theta_{\max}^*/9A_0C)}(\sigma_n/\sigma_t)]\}-\varphi_b}{\lg(JCS/\sigma_n)} \tag{1-5}$$

式中　A_0——最大可能接触面积比;

　　　φ_b——节理的基本内摩擦角;

　　　$\theta_{\max}^*$——最大剪切方向倾角;

　　　C——节理表面粗糙度参数;

　　　σ_n——法向应力;

　　　σ_t——岩石材料的抗拉强度。

若岩体结构面未遭风化时,$JCS=\sigma_c$,σ_c 为岩块单轴抗压强度。

近几年来,葛云峰等(2014)提出了采用光亮面积百分比 BAP 描述结构面的形貌,采用三维激光扫描方法构建岩体节理三维模型;通过虚拟光源模拟技术及图像数字分割技术获取了岩体裂隙表面的光亮面积百分比,并拟合了 BAP 与 JRC 的回归关系。王昌硕(2017)基于平均起伏角 i_{ave}、平均相对起伏度 H/L、起伏角标准偏差 SD_i 和起伏高度标准偏差 SD_h 4 个参数,建立了 JRC 支持向量回归(SVR)预测模型来反映结构面形貌,并通过 Barton 标准剖面线的 JRC 预测值与试验反算值的对比证明了模型的可靠性。杜时贵等(1996)对直边法的可靠性进行了科学验证后发现,对于起伏度为毫米级的岩体结构表面形态而言,直边法的测量精度在毫米尺度上可以满足岩体裂隙表面粗糙度系数的统计要求,并在此基础上,对直角边法的数学表达式进行了修正。陈世江等(2016)对结构面的分形特征开展了大量研究,利用数字图像处理技术创新性地提出了岩体结构面投影覆盖法分形维数计算程序;并由维数 D 和起伏度 W_d 建立了 JRC 表达式。孙辅庭(2013)基于 3 个粗糙度参数——节理平均剪切抵抗角、节理起伏分布参数、节理粗糙度分形参数建立了节理剪切粗糙度指标 SRI,并建立了 SRI 与 JRC 之间的拟合关系。

1.2.1.2 裂隙粗糙度各向异性研究现状

节理粗糙度是存在各向异性特征的,节理表面形貌的各向异性是影响节理力学行为(渗流规律、剪切强度等)各向异性的重要因素。天然岩体节理表面通常是凹凸起伏的,与此同时,也表现有显著的各向异性特征,这里的各向异性主要是指节理表面形貌参数或特征受方向影响而表现出较大的差异。近几十年以来,国内外学者对节理粗糙度各向异性进行了研究,卓有成效,提出了很多理论和公式,几乎涵盖了裂隙粗糙度各向异性的各个方面。

Aydan 等(1996)对裂隙表面形貌特征的不连续性及其各向异性开展研究,在笛卡儿坐标系中提出了与方向倾角 θ 有关的结构函数 SF,且不连续面可以用其特征方向上的轮廓线来描述。

Tatone 等(2010)将节理表面形貌的三维离散点坐标数据网格化后,认为每个网格的方位均可由方位角 α、倾角 θ 确定。节理的粗糙程度可用网格视倾角 θ^* 的函数表示,采用最大接触面积比 A_0、最大视倾角 θ^*_{max} 和视倾角分布参数 C 描述节理的貌特征,该方法能够很好地反映节理形貌的各向异性性质。

Kulatilake 等(2006)提出了复合参数 $D_{r1d} \times K_v$ 表征结构面的粗糙度,其中 D_{r1d} 表示结构面的分形维数,K_v 是和分形维数 D_{r1d} 相关的一个常数。

李久林等(1994)基于结构面断裂力学,用结构面不同方向上剖线的粗糙度研究了结构面的各向异性,对Ⅰ型、Ⅱ型结构面的表面特征进行分析后发现,羽纹构造是Ⅰ型结构面的重要特征,Ⅱ型结构面沿断裂时剪应力方向的粗糙程度明显高于垂直应力方向的粗糙程度。

唐志成等(2011)认为结构面坡度起伏是影响抗剪强度的主要因素,提出结构面"角度粗糙度"的概念,同时对结构面坡度起伏、剖面线长度进行加权处理,采用加权均值与加权方差对"角度粗糙度"进行了描述。

周宏伟等(2001)提出了采用高度分度转化为斜率分布、斜率分布采用频谱分析的方法对裂隙表面的形貌数据进行分析,结合累计功率谱密度指数的方法,对岩体节理表面的各向异性进行了定量描述。

1.2.1.3 裂隙粗糙度尺寸效应研究现状

岩体裂隙粗糙度的尺寸效应特性不容忽视,微裂隙粗糙度的尺寸直接影响渗流路径与渗流规律。节理尺寸效应的相关研究可追溯至 20 世纪 70 年代末,Barton 和 Choubey 在研究岩体节理剪切强度的过程中就发现了节理尺寸效应会对粗糙度系数结果产生一定影响。研究结果表明,当岩石节理长度逐渐增大,其粗糙度系数会随之逐渐减小。研究粗糙度的尺寸效应为全面描述裂隙粗糙度特性奠定了基础,对探索深井围岩微裂隙渗流机理具有一定的理论价值。

Barton 和 Bandis(1983)通过大量试验研究发现,导致节理剪切强度和抗剪刚度随试块尺寸的增大而减小的根本原因是有效节理粗糙度降低所致,并且提出了估计节理粗糙度系数 JRC 尺寸效应的修正公式。

N. Fardin 等(2004)系统地研究了尺度对岩石节理表面粗糙度的影响,应用分形维数 D 和振幅参数 A 全面地描述了节理面的粗糙度,并详细讨论了结构面粗糙度的尺寸效应,研究发现,随着节理面选取的窗口尺寸范围逐渐增大,分形维数 D 和振幅参数 A 在逐渐减小,当窗口尺寸超过一定范围时,它们的取值基本保持不变。

杜时贵等(2010)为解决图解修正直边法估计 JRC 过程中未考虑尺寸效应的问题,在分析 JRC 的尺寸效应产生机理的基础上,认为壁岩强度的尺寸效应和节理表面起伏幅度的尺寸效应的共同作用引发了 JRC 的尺寸效应,最终提出了考虑节理尺寸效应规律的 JRC 修正直边法数学表达式。

徐磊等(2008)通过非接触光栅投影照相式三维测量系统对人工张裂法制备的花岗岩节理三维形貌参数进行定量描述。研究结果表明,岩体节理三维表面形貌具有明显的尺寸效应,在一定的尺寸范围内,随着节理尺寸的逐渐增大,其分维参数 D、振幅参数 A 的值逐渐减小。但当结构面线尺寸超过 210 mm 后,分形参数值逐渐保持稳定,不再随尺寸增大而产生较为显著的变化。

近几年来,国内外学者对裂隙粗糙度尺寸效应做了大量而广泛的研究,尤其是在研究节理剪切强度的过程中,岩体节理的剪切强度存在尺寸效应特征往往也会得到进一步证明,而产生剪切强度的尺寸效应主要原因在于节理表面几何形态。然而,由于岩体节理存在各向异性,导致节理粗糙度在各个方向上的尺寸效应也存在差异性。因此,有必要加强对裂隙粗糙度尺寸效应的研究。

吉锋等(2011)采用研制的新型接触打孔器实现了对结构面的机械化测量,并对硬性结构面的粗糙度开展了尺寸效应分析,最终获得了结构面 JRC 值的统计方差随测量长度的增加而逐渐减小的规律,并提出了消除起伏粗糙度对剪切试验影响的极限尺寸计算方法,最后通过对工程实例分析后发现,当强风化粉砂岩的取样长度大于 50 cm 时,剪切方向上起伏粗糙度尺寸效应可以忽略;当平直新鲜砂岩的取样长度大于 5 cm 时,剪切方向上起伏粗糙度尺寸效应可以忽略。

曹平等(2011)运用三维表面激光形貌仪扫描 10 个不同尺度的大理岩节理表面,根据分形理论对节理尺寸效应开展了大量研究工作。结果表明,当大理岩试件的尺寸在 500 mm 以内时,分形维数 D 和截距 A 随试件尺寸增大而减小,两参数均表现有显著的尺度效应,而超过 500 mm 这个极限尺寸时,两参数的尺度效应不明显,并且发现试件处于小尺寸范围时获得的分形参数不具有代表性。

陈世江等(2012)在考虑岩体节理地质本质性的基础上,结合地质统计学原理,提出了描述节理粗糙度各向异性特征的 SR_v 法;在采用 SR_v 法表征节理粗糙度各向异性的基础上,考虑了粗糙度在某一方向正向与逆向存在不同结果,按照 Tatone 等(2010)提出的分析方法,获取了不同方向上节理在不同尺寸范围内的 SR_v 值。

唐志成等(2012)采用岩石三维表面形貌仪对 3 组砂岩相似材料不同形貌的节理试件进行研究,获得不同的采样间距下形貌坐标的三维离散点数据;采用节理形貌描述方法计算节理的三维粗糙度,其值随采样间距的增大而逐步减少。基于 0.5 MPa、1.0 MPa、1.5 MPa、2.0 MPa 和 3.0 MPa 共 5 级法向应力下的直剪试验结果,提出了基于采样间距作用下的节理峰值抗剪强度公式。

1.2.1.4 岩体裂隙形貌获取方法研究现状

节理三维信息数据的获取是进一步分析岩体节理形貌特征参数的前提条件。因此,要计算某一节理表面其任一粗糙度特征参数,必须建立在获取结构面的三维信息数据的基础之上。然而针对节理表面几何形貌获取方法的分类,角度不同可以有多种分类方法。本课题按照与节理表面接触与非接触关系的分类方法,对国内外学者所采用的节理表面粗糙度数据形貌获取方法进行归纳总结。

（1）接触式量测

接触式测量法，其实质在于利用单根或多根测量探针在节理上接触并在其表面上沿直线进行移动，逐点进行测量进而获取节理表面二维或三维坐标数据，最终转换为与节理粗糙度参数相关的数据信息。使用这种方法获取节理形貌信息典型研究有：Barton(1973)利用研制的一排具有自由升降功能的针状轮廓尺来获取节理二维剖面线；Stimpson(1982)采用170个直径为 0.9 mm 的钢针完整排列在不规则的节理表面上来记录节理表面的轮廓。杜时贵(2005)基于转绘仪的工作原理，采用一根探针代替一排探针的方法，研发了简易纵剖面仪；夏才初等(1996)为了实现测量仪器既能记录表面形貌参数，又能精确地记录节理形貌轮廓线的功能，研制了用微机驱动控制和采集数据的 RSP-I 型智能岩石表面形貌仪，该形貌仪的分辨率为 0.01 mm，测试量程为 10 mm，通过计算机对形貌仪的精确控制，实现了对节理形貌数据的自动采集，通过计算机软件进行数据变换处理和坡度修正后，最终获取具有较高精确度节理表面形貌参数，工作效率得到了较大提升；吉锋等(2011)对国内外结构面测量仪器优缺点进行了深入分析，利用自主研发的新型接触打孔器对硬性结构面进行了精细化测量，结果显示：通过接触打孔器方法获得的结构面粗糙度 JRC 值与实际结构面表面的 JRC 值吻合度较高。

基于上述文献，接触式获取节理形貌信息数据方法的优势在于：整个设备结构简单，制作价格较为低廉；设备体积适中，便于携带，可以在室内和室外灵活地开展相关粗糙度试验。但该方法在测量精度上受测量仪器触针的硬度、大小和移动速度等因素的影响，以至于其存在一定的缺点：

① 接触式测量仪器是以点或线的形式采集数据，其触针的直径与间距限制了其测量精度。尤其是当节理两个相邻的波峰间距小于触针直径时，则触针将无法量测到波谷的数据，进而使测量仪器的精度大大降低，使得测量结果可能存在较大偏差。

② 由于设备整体设计尺寸有限，导致其单次测量的范围有限，使得测量仪器不适用于大规模节理粗糙度测量，且大多数测量仪器需要人工手动进行操作，测量速度极其有限。

③ 根据接触式测量仪器的工作原理，触针必须要和节理表面接触才能进行数据采集，这使得触针硬度对测量精度会产生很大影响。如果触针硬度过小，触针和节理接触的过程中会发生严重磨损从而导致测量精度显著降低；而如果触针硬度过大则会导致节理表面形貌发生严重破坏。与此同时，触针选用的材料也极为重要，很多材料受环境温度、湿度影响，会发生变形，也会严重影响测量精度。因此，为了保证测量精度的准确性，必须根据节理表面的力学性能配合使用相对应硬度，且受环境因素影响较小的触针，最大限度地保证整个测量过程测量仪器的精准度与稳定性。

④ 触针对人工操作的要求较高，操作人员必须在现场进行操作。受人为因素影响，测量仪器的移动速度直接影响测量的精度。如果操作人员移动速度过快，这会使得触针在节理表面接触时间极短，进而可能未发生有效接触，这将会使节理表面一些数据信息丢失，导致节理粗糙度评价结果出现偏差。

⑤ 接触式测量方法仅能在节理表面上获取单条轮廓线的粗糙信息，即获取的是二维剖面数据信息，要想全方位地反映节理粗糙度，需要采用多条轮廓线对整个结构面进行测量。

（2）非接触式量测

非接触式量测是与接触式量测相对的,具体是指在数据采集过程中使用的测量仪器在不损坏结构面的前提下,可以量测到无法接触到的岩体节理表面,而且具有采集速度快和测量精度相对较高等优点。近几年来,非接触式量测方法在岩石力学领域得到了广泛应用,目前广泛采用的方法是摄影测量法和三维激光扫描法。

① 摄影测量法——摄影测量法其主要原理在于采用数字图像采集技术全面获得节理表面数字图像,然后采用数学运算法则对节理表面的三维信息进行重建,其难点在于节理三维形貌的重建方法,国内外在采用摄影测量法对岩体节理表面量测方面已经取得了较为丰硕的成果。

Maerz 和 Franklin 等(1990)提出采用直尺阴影法获取节理剖面的三维数据信息,该方法源于地质学和地球物理学领域中的风成沙波纹研究。主要研究过程为:采用数码相机对节理表面进行图像采集,采用节理表面放置的直尺产生的阴影来表征节理表面的粗糙特征。

Hakami(1996)在开展岩体渗流试验过程中,为了量化裂隙的隙宽,将裂隙中充满环氧树脂的岩样加工处理成岩石薄片,采用显微镜对裂隙中环氧树脂的充填情况进行观察并采集图片,然后基于数字图像处理技术对节理各位置处的隙宽进行统计。该方法提出的最初目的是对裂隙的隙宽进行测量,然而发现其亦可以用于测量节理表面的起伏特征。该方法与一般的摄影测量法的最大区别在于:采集图像的过程不在节理表面进行,而是从节理的侧面方向开展的。

夏才初等(2008)研制了 TJXW-3D 型便携式岩石三维表面形貌仪,该形貌仪融合了双目成像、结构光栅和立体视觉等多项技术,通过对被测节理表面投射光栅条纹的方式来获取节理表面的三维坐标数据,通过对数据进行深入分析后计算出节理表面的形貌参数,整套系统尺寸适中,操作方便,可以在现场对岩石节理表面的三维形貌进行测算,并可直接对获取的图像进行显示与分析。

王卫星(2010)基于图像技术对岩石节理粗糙度进行测量,在确定自定义的 4 个特征参数的粗糙信息量化值的基础上,建立了粗糙信息量化值与 10 条标准粗糙度曲线对应关系,将该方法进一步在岩石节理上进行推广应用。通过实验证实,该方法可以有效地获取岩石节理粗糙度,在实现了用计算机自动快速测量的基础上,使得岩石节理粗糙度的测量精度获得了大幅度提升。

Bae(2011)利用井下电视测量技术获取了钻孔中结构面与孔壁相交的剖面数字图像,通过采用分形的方法对节理轮廓数据进行分析,进而对节理表面的粗糙度规律开展研究。

陈世江(2012)以摄影测量为基础,借助数字图像处理技术,通过 VC++平台开发了节理轮廓线分形维数计算程序,该程序可通过分形维数对实际工程岩石节理粗糙度 JRC 值进行方便获取,有效解决了分形维数难以进行现场量测的瓶颈,同时也提高了粗糙度的计算精度。但该方法的进一步发展,仍依赖于数字图像处理技术的进步与分形维数的计算方法的提升。

② 三维激光扫描仪——三维激光扫描仪是利用脉冲激光测距原理,通过高速激光对被测节理表面大量密集点的三维坐标进行测量,并可获取节理表面的其他信息,如反射率、纹理等。通过三维激光扫描技术,可根据被测岩体或节理表面的三维模型及线、面、体等各种图件数据对岩体或节理快速进行模型重构,结合计算机数字处理手段,可全面获取节理粗糙度特征。由于三维激光扫描系统可以高精度密集地获取节理表面形貌的三维坐标点,因此

相对于传统的节理粗糙度测量方法,三维激光扫描技术的产生实现了对节理粗糙度准确、高效扫描的革命性突破。

基于三维激光扫描仪可以获得以点云数据形式描述目标物体表面几何信息的基本属性,该方法在室内试验中得到了广泛的应用。

Fardin(2001)采用印模的方法,首先在户外复制出岩体节理表面形貌的基本形状,然后在实验室采用三维激光扫描仪对复制的模具进行数字化扫描,获取其表面三维坐标数据。试验过程中使用的三维激光扫描仪的主要部件为激光传感器,受激光传感器激发,激光源投射一组宽为 25 mm 的线性光束,节理表面受激光照射图像被两个电荷耦合器件(CCD)相机记录。该激光扫描仪的激光传感器可以根据预先在计算机内的编程路径在样品上自动移动,进而来测量节理表面起伏形态,并可根据扫描步长选择每秒最多扫描 15 000 个点,用 0.2 mm 的采样间隔对复制节理的表面形貌进行数字化表达,最终通过 Imageware 软件对节理进行重构。

Kulatilake(1995)将从露天铜矿采集的闪长岩节理作为研究对象,在实验室采用激光轮廓仪获取节理表面三维坐标,并且基于激光轮廓仪采集的数据采用不同的分析方法来研究节理尺寸大小对二维天然岩石节理粗糙度各向异性产生的影响。该扫描仪测量精度最高可达 3 μm,为该研究结果的准确性提供了平台保障。

曹平(2011)选用英国生产的 Talysurf CLI 2000 三维表面形貌测试仪对节理表面三维形貌进行量测。节理表面的凹凸形状通过激光变位计转换成光信号,光信号再由 CCD 转换成电信号,电信号经过处理后通过三维表面形貌测试仪以数据的形式存储在计算机中。该仪器由激光扫描测量装置、计算机、控制单元及数据采集软件等几部分组成,是一种三维非接触式高精度激光扫描仪。利用三维激光测量技术,通过移动测头下的试件来完成节理表面的扫描,其最大扫描范围为 200 mm×200 mm×200 mm,相比于 Kulatilake 使用的激光轮廓仪,该仪器的精度更高,其扫描精度最高可至 0.05 μm。

熊祖强等(2015)采用三维激光扫描仪对 3 种石灰岩自然结构面表面形态进行扫描获得了大量高精度的点云数据,采用逆向工程重构石灰岩结构面的表面形态并生成三维结构面数字模型。然后借助 3D 打印技术对石灰岩结构面形貌进行批量制作,其打印精度为 0.2 mm,并在实验室内开展了结构面剪切试验。

近几年来,王昌硕、庞明敏、郑罗斌等分别运用了三维激光扫描设备,在室内环境下对岩体节理表面进行了扫描,通过激光扫描仪可以快速、准确地获取岩石节理的三维模型及其相应的三维坐标数据,通过对数据进一步分析,获取三维粗糙度表征方法,为岩体节理剪切强度或渗流规律的研究奠定了基础。三维激光扫描仪具备自动定位功能,不会产生扫描数据发生重复的现象,具有操作灵活、简便、高效率、高精度以及高稳定性等优点。因室内试验条件下选取的三维激光扫描设备的基本构成、工作原理及后处理步骤基本保持一致,与前文所述的成果较为相似,在此就不再赘述。

三维激光扫描仪在室内试验环境中得到了极大推广,但由于其精度很高而导致扫描范围极其有限,对于较小的测量对象可以很好地发挥作用。如果此时测量对象范围较大,或是直接进行户外量测时,室内三维激光扫描仪则完全无法使用,此时亟须研发一种能大规模高效率且能保持较高精度的测量仪器,可在室外环境条件下使用的三维激光扫描仪应势而生。在室外条件下采集节理表面的形貌特征,采用三维成像扫描方法是至关重要的。户外环境中存在诸多复杂性条件,如有限的光照条件、现场大量的扬尘及不确定的天气状况,这些因素给户外节理形貌采集工作带来了极大的挑战。要想获取高精度的岩体形貌特征,这就要求具有高精度、高分辨率的激光扫描仪来解决这些挑战。目前,三维激光扫描仪已经在户外岩体节理表面识别方面得到了广泛应用。

Mah 等(2013)采用 Neptec Design Group 开发的激光相机系统在加拿大汤普森市的某镍矿地下硐室中开展了一次地下现场试验,在埋深 1 524 m 的条件下对 5 m×4 m 的侧壁表面形貌特征进行了数据采集,数据采集过程中扫描仪在距离被扫描目标 10 m 范围内工作,其精度可控制在亚毫米数量级。三维激光仪基于采集的数据运用数学形态学原理来评估节理表面粗糙度特征,为进一步研究岩石裂隙表面粗糙度的定量表达和流体渗流规律提供了便利条件。

Fekete 等(2013)采用激光雷达技术对挪威某 10 m 直径的铁路隧道岩体进行了量测,并对爆破后的岩体质量进行了评价与分析。实现激光雷达技术的关键步骤在于使用 Leica Geo 系统的 HDS 6000 扫描仪对岩体进行扫描。该扫描仪具有 360°水平视野和 310°垂直视野,其扫描精度为 0.6 mm,在距离被扫描目标 10 m 处的最低反射率可降至 20%,可每秒实时采集高达 500 000 点的三维数据,是地下工程环境中扫描岩体表面特征较为理想的方法。

胡超等(2014)采用大尺度三维激光扫描技术对某水利工程边坡表面岩体特征数据进行扫描,根据随机采样一致性算法对系统产生的误差进行修正,并开发了海量点云数据的高效处理流程。根据数据特点及工程特征利用大型关系数据库建立了基于 B 树及其拓展结构的海量点云数据存储与管理机制。

葛云峰等(2012)采用加拿大生产的 ILRIS-36D 型三维激光扫描仪对岩体结构面进行扫描,ILRIS-36D 型三维激光扫描仪工作原理在于:首先将坐标原点调整至扫描仪中心,基于脉冲激光测距原理,获取激光光束与节理表面之间的水平方向角、垂直方向角及距离,最终以点云形式表达被测节理表面形貌特性,获取节理表面的三维点云数据。

目前对岩体节理粗糙度的研究工作,一部分是基于节理的二维剖面提出的,不能体现节理粗糙度系数的三维特性;而对于三维粗糙度的评价方法,大多数无法反映节理面粗糙度各向异性的特性;对粗糙度或粗糙度参数存在的各向异性、尺寸效应与间距效应进行全面分析的研究较少且大多数粗糙度评价方法通过单一变量构建评价模型,具有很大的局限性,并不能很好推广。因此,应对粗糙度或粗糙度参数存在的各向异性、尺寸效应与间距效应进行全面分析,并在此基础上构建一种受多参数影响的节理粗糙度评价方法,与此同时节理粗糙度评价方法应该具备高效率、高精度的特征,能够较好地反映岩体结构面的实际情况,同时能够结合不同渗流方向,对节理面三维粗糙度的各向异性进行描述。

1.2.2 裂隙岩体渗流特性理论与试验研究

在地下工程中,天然岩体在形成和运动的过程中,经过长时间的地质构造运动在岩体内部形成了大量的节理裂隙、微裂纹以及孔隙等宏细观非连续结构面,这些非连续结构面成为地下水储存和流动的载体。在裂隙岩体中运移的过程中,与岩体节理之间会发生相互作用。

天然岩体节理基本处于压剪应力状态,按照垂直方向和水平方向来分解节理上的应力可分为法向应力和剪切应力。节理应力—渗流耦合作用就是节理在法向应力的作用下发生闭合变形,从而影响节理有效开度,导致流体渗流规律发生变化;节理在剪切应力作用下发生剪胀效应,使得节理有效开度继续发生变化,进而对节理流体渗流规律的变化发挥影响作用。因此裂隙应力—渗流耦合作用研究可分为两个方面:一方面为节理法向应力—渗流耦合作用;另一方面为节理剪切应力—渗流耦合作用。与理想光滑平行板模型显著不同的是,天然岩石节理表面是起伏不平的,因此,岩体节理的应力—渗流耦合分析具有一定的复杂性。为有效探索岩体节理应力—渗流耦合作用的内在机理与外在特征,国内外学者主要从理论模型和试验研究两个方面开展研究。

1.2.2.1 岩体单裂隙渗流理论及试验研究现状

单一裂隙是岩体裂隙网络结构的基本组成单元,其渗流基本规律对研究地下岩体裂隙渗流应力关系发挥着至关重要的作用。对于不可压缩的稳定流体,可以采用 Navier-Stokes 方程和质量守恒方程对单一裂隙的渗流特性进行很好的描述。1868 年俄国流体学家 Boussinesq 假定裂隙流体为不可压缩、黏性及水流为层流,并且岩体裂隙为两片光滑、平直、无限长的平行板,基于平行板间的定常层流,利用 Navier-Stokes(N-S)方程推导出裂隙岩体渗流领域的基本理论——立方定理。

$$Q = \frac{g}{\nu} \frac{we^3}{12} J \tag{1-6}$$

式中 J——量纲为 1 的水力梯度;

g——重力加速度;

ν——水的运动黏滞系数;

Q——流体的总体积流速;

e——裂隙水力隙宽;

w——平行板间流动区域的宽度。

在此基础上,国内外学者通过理论和试验的方法对立方定律进行了修正和完善,同时在岩体单裂隙渗流—应力耦合方面进行了广泛且深入的研究。

在立方定律修正方面,单宽流量 q 与隙宽 e 之间的关系在大量研究成果中得到体现,具体对立方定理建立了以下修正公式。

Lomize(1951)提出:

层流:
$$q = \frac{g\bar{e}^3}{e12\nu} J \frac{1}{1 + 6 \, (\Delta/\bar{e})^{1.5}} \tag{1-7}$$

紊流:
$$q = \bar{e} \sqrt{gJ\bar{e}} [2.6 + 5.1 \lg(\bar{e}/2\Delta)] \tag{1-8}$$

Louis(1967)提出:

层流:
$$q = \frac{g\bar{e}^3 J}{12\nu} \cdot \frac{1}{1 + 8.8 \, (\Delta/\bar{e})^{1.5}} \tag{1-9}$$

紊流:
$$q = 4\bar{e} \sqrt{gJ\bar{e}} \lg[1.9/(\Delta/\bar{e})] \tag{1-10}$$

Huitt(1956)发现裂隙面粗糙特征对裂隙水流规律产生的作用主要是裂隙面面积接触率造成的:

$$q = q_0 \frac{1 - \omega}{1 + \eta \omega} \tag{1-11}$$

Barton(1985)提出了节理粗糙度系数 JRC 修正法,并且在立方定理中裂隙宽度采用等效水力隙宽:

$$q = \frac{1}{JRC^{7.5}} \cdot \frac{ge_m^6}{12\nu} J \tag{1-12}$$

Amadei(1994)通过特征线法确定流场中流体粒子的运动轨迹后,提出:

$$q = \frac{g\bar{e}^3}{12\nu} \cdot \frac{1}{1 + 0.6\,(\sigma_e/\bar{e})^{1.2}} \tag{1-13}$$

耿克勤(1994)为反映渗流流态从层流、过渡状态到紊流的变化过程,提出:

$$q = Ae_m^n \tag{1-14}$$

速宝玉(1995)在总结 Lomize 及 Louis 研究成果的基础上提出:

$$q = \frac{g\bar{e}^3 M}{12\nu} \cdot \frac{J^m}{1 + 1.2\,(\Delta/\bar{e})^{0.75}} \tag{1-15}$$

许光祥(2003)采用超立方和次立方定律来总结前人的裂隙渗流试验成果后,提出:

$$q = J^m C_q \bar{e}^n \tag{1-16}$$

式中　q——单宽流量;

　　　$\bar{e}$——平均隙宽;

　　　e_m——机械隙宽;

　　　σ_e——隙宽方差;

　　　JRC——裂隙面粗糙度系数;

　　　Δ——裂隙粗糙度;

　　　m,n,η——比降、隙宽、相对粗糙度的指数;

　　　J——水力比降;

　　　ω——隙面面积接触率;

　　　q_0——$\omega = 0$ 时的流量;

　　　A——标准流量系数;

　　　C_q——拟合系数;

　　　M——缝隙高度。

为了克服立方定律在描述粗糙裂隙中流体流动的非线性特征方面的缺陷,Forchheimer定律和 Izbash 定律先后被提出并运用广泛,其对应的最简单的关系式如下:

$$-\nabla P = a'Q + b'Q^2 \tag{1-17}$$

$$-\nabla P = \lambda Q^m \tag{1-18}$$

式中　Q——流体的总体积流速;

　　　∇P——压力梯度;

　　　a',b'——流体流动过程中线性效应、非线性效应所引起的水压力降,由水力梯度和
　　　　　　　裂隙形态决定;

　　　λ,m——经验系数。

赵延林(2009)在三维应力作用下对渗流—应力耦合作用和岩体裂隙损伤扩展进行分析,提出了单一裂隙渗透张量方程。基于细观力学方法获取了在渗流—应力场共同作用下单一裂隙的损伤变形特征,并推导了单一裂隙的损伤演化方程。

朱立等(2012)对裂隙砂岩充填泥沙并进行渗流试验,研究了填充泥沙前后振动幅度和振动频率对渗透率的影响。研究发现,充填泥沙后裂隙砂岩的相对渗透率低于充填前,振动后裂隙砂岩的渗透率低于振动前。

刘欣宇(2012)采用相似材料模型原理制作了裂隙岩石试样,在高渗透压、高围压环境下

对完整及半贯通单一裂隙的进行渗透试验,综合分析了在高渗透压和高围压作用下裂隙岩石的渗透性变化规律及破裂演化特征。

刘杰等(2014)对中—细粒砂岩采用巴西劈裂法获取单一裂隙砂岩试样,全面阐述了单一裂隙砂岩渗流量与轴压、围压、劈裂面面积、凹凸高差、迹线长度、劈裂面 2D 投影面积、进出口长度、结构面粗糙度等因素的内在联系。

1.2.2.2 裂隙岩体水力耦合理论模型研究现状

为了更好地理解和探索裂隙岩体渗流场与应力场的耦合特性和机理,国内外学者在对水力耦合特性进行研究的基础上提出了诸多理论模型。

陈祖安等(1995)采用大庆砂岩为试验对象进行了一系列与渗透率相关的静水压力试验,并通过毛素管模型获得了砂岩渗透系数与围岩压力之间的数学关系表达式。最后,基于最小二乘法对数学关系表达式中的参数进行了确定并且拟合了试验曲线。

$$K_{\mathrm{p}} = K_0 \left(1 - \frac{p}{a + bp} \right)^4 \tag{1-19}$$

式中 p——静压力;

K_0——地面条件下的渗透率;

a,b——待定参数,可通过试验数据拟合获取。

王媛(2000)采用离散裂隙单独分析和等效连续介质模型相结合的方法对岩体中的复杂裂隙进行模拟。对于发挥较大作用的大裂隙采用特殊单元单独模拟,而密集程度较大的裂隙则按照等效原则将其等效到整个岩体中,假想岩体是具有各向异性本构关系和各向异性渗透特性的连续体,并基于增量理论,推导出复杂裂隙岩体渗流与应力弹塑性全耦合有限元方程组。

忤彦卿(1995)通过开展岩体应力—渗流耦合试验,研究水利水电工程的岩体水力学问题时发现,岩石渗透系数与有效应力之间呈现幂指数关系,并提出了基于岩体中应力作用方向性的渗流与应力关系表达式、裂隙变形与渗透压力的关系表达式,最终建立了裂隙岩体应力场与渗流场耦合模型。

$$K_{\mathrm{f}} = K_{\mathrm{f}}^{(0)} \sigma_{\mathrm{n}}^{-D_{\mathrm{f}}} \tag{1-20}$$

式中 K_{f}——岩体裂隙的渗透系数,m/d;

$K_{\mathrm{f}}^{(0)}$——$\sigma_{\mathrm{n}} = 0$ 时岩体裂隙的渗透系数,m/d;

σ_{n}——有效正应力,MPa;

D_{f}——待定系数,表示裂隙分布的分形维数。

Kranz(1979)在高达 200 MPa 压力下对完整花岗岩及含裂隙的花岗岩开展了渗透性试验,试验结果发现,完整岩体的渗透范围处于 $10^{-6} \sim 10^{-7}$ D 之间,而含裂隙岩体的渗透率最高可达 8×10^{-5} D,进而提出了裂隙渗透系数改变量的预测公式:

$$K_{\mathrm{f}} A = Q_0 (p_{\mathrm{c}} - p_{\mathrm{f}})^{-n_2} \tag{1-21}$$

式中 A——过水面积;

p_{c}——总压力;

p_{f}——内部孔隙水压力;

n_2——常数。

Louis(1974)对某岩体坝址的抽水试验进行数据分析后,提出了基于岩体渗透系数与正应力耦合的经验方程式：

$$K_f = K_0 e^{-a\sigma_n} \tag{1-22}$$

式中　K_f——裂隙水力传导系数；

K_0——初始水力传导系数；

a——与裂隙渗流相关的常数；

σ_n——法向应力。

该方程式清楚、明确地对渗透系数进行了表达，即随着正应力的不断增加，渗透系数呈负指数形式减小。对于工程实践来说，随坝体埋深的不断增加，渗透系数呈减弱趋势。

周创兵等（1996）基于流体的层流状态，对岩石节理渗流的立方定理和适用条件进行了探索，然后基于渗流与变形耦合的研究方向，对岩石节理的水力学开度展开了讨论，并且提出了天然节理的归一化开度这一概念。最后提出并验证了节理的渗流广义立方定理，研究结果表明，渗流广义立方定理对岩石节理渗流适用性较高，可以在岩体应力场和渗流场的耦合分析中进行推广应用。该研究成果与1974年Louis提出的渗透系数与正应力之间经验耦合的经验方程式基本保持一致。

$$Q = \beta Q_0 \tag{1-23}$$

$$\beta = \bar{b}^4 \left[(1-\xi)(1-P) \right]^2 + \frac{K_\infty}{K_0} \tag{1-24}$$

$$Q_0 = -\frac{g}{12\mu} b_m^3 L_y \frac{\Delta H}{L_x} \tag{1-25}$$

$$K_0 = \frac{g b_m^2}{12\mu} \tag{1-26}$$

式中　Q——经过节理的总流量；

b_m——平均初始开度；

ξ——节理的面积接触率；

$\bar{b}$——在应力作用下节理的归一化开度；

g——重力加速度；

μ——流体运动黏滞系数；

L_x, L_y——节理矩形边界两边的长度；

P——与节理面积接触率ξ相关的常数。

刘继山（1987）基于细砂和普通硅酸盐水泥浇筑而成圆柱体试块，并通过在圆柱体试块中间制备的结构面开展应力—渗流耦合试验研究。在结构面闭合变形法则的基础上，获得了可变形裂隙受正应力作用时渗透系数K_f的表达式：

$$K_f = \frac{\gamma_w}{12\mu} \mu_{f0}^2 e^{-\frac{2P_0}{K_n}\left(1+\frac{a^2}{r^3}\cos 2\alpha\right)} \tag{1-27}$$

式中　K_f——渗透系数；

γ_w——水的比重；

P_0——围压；

a——硐室半径；

r——结构面上任一点M至洞中心的距离；

μ——结构面闭合变形；

μ_{f0}——结构面最大压缩闭合变形量;

K_n——结构面当量闭合刚度。

从公式中不难发现,围岩压力发生变化会对结构面上每个节点处的渗透系数产生影响,并且有时这种影响是非常显著的,并据此分析了交叉裂隙的水力特性。

Barton 等(1985)基于 Bandis 等构建的裂隙面法向应力 σ 与裂隙隙宽闭合量 ΔV 的双曲线模型,开展了大量的试验研究,建立了裂隙水力学开度 e 与粗糙度 JRC、法向应力 σ_n 之间的关系式:

$$e = \frac{E^2}{JRC^{2.5}} = \frac{E_0^2}{JRC^{2.5}} \left(1 + \frac{\sigma_n}{E_0 k_{n0}}\right)^{-2} \tag{1-28}$$

式中 e——裂隙水力学开度;

E——裂隙力学开度;

E_0——裂隙初始力学开度;

k_{n0}——初始法向刚度;

σ_n——法向应力。

Gangi(1978)为探索岩体裂隙渗透率与压力之间存在的变化规律,首次建立了钉床模型。该模型的原理在于:将裂隙表面凸起部分的形态进行简化,并将其假设为具有一定概率密度分布形式的钉状物,进而以钉状物的压缩情况为判别标准来反映应力变化对渗流规律产生的影响。

$$k(P) = k_0 \left[1 - (P/P_1)^m\right]^3 \tag{1-29}$$

式中 $k(P)$——净覆压力为 P 时的岩体裂隙渗透率;

k_0——净覆压力为 0 时的渗透率;

P_1——节理岩体的有效弹性模量;

m——常数(0~1);

P——净覆压力。

Walsh(1981)建立了描述裂隙变形性质的洞穴模型,并将其推广用来表征应力对岩体裂隙面渗透特性产生的影响。该洞穴模型进行了多种假设,假定这些粗糙岩体之间足够分离,以至于来自一个体的应力场不会显著影响邻近体的应力场,由于孔隙之间的连通性在本模型的构建中不是主要影响因素,所以连通性和非连通性的裂隙均可适用于该洞穴模型。

Tsang(1987)将钉床模型、洞穴模型两种理论模型有机结合,提出了洞穴—凸起结合模型,这一模型将裂隙简化为由两壁面凸起的接触面与接触面之间的洞穴形成的集合体,通过洞穴模型来描述裂隙面的变形性质。基于该模型的表现形式,裂隙面的变形特征通过洞穴模型的形式来实现,裂隙面的渗透特性通过凸起模型来实现。该模型认为:随着应力的逐渐增大,洞穴尺寸会逐渐变小,两壁面之间凸起的接触面积会逐渐增大,由此可以对裂隙渗流—应力耦合特性进行较好的解释。

白矛(1999)提出了圆柱坐标下的双孔隙多孔介质有限元公式,用于研究岩体裂隙试样中流体流动和岩石变形的相互作用行为。对于特定的加载条件和材料特性,该研究还给出了简化的轴对称数值公式。与传统模型理论相比,该公式保留了二次位移和线性压力场之间的准确耦合,以实现改进的数值近似,并且基于均质和非均质岩体裂隙在三轴应力状态下的渗流—应力耦合试验,对该模型进行了推广。

Noorishad(1984)将变分原理与有限元法相结合,建立了裂隙岩体渗流—应力耦合分析模型。这为岩体裂隙应力—渗流耦合力学问题的建模提供了一种强有力的分析方法,对于任意的边界条件和复杂的几何模型,都可以确定其固体和液体的应力和应变的变化过程。该项成果可直接应用于解决水力压裂岩体和天然裂隙岩体中的流体渗流问题。

王媛(1995)对裂隙岩体渗流的离散介质模型和等效连续介质模型开展了详细的研究后发现,渗流的离散介质模型具有精度高、仿真性好等优点,更适合于单裂隙渗流,当裂隙数量较多时,会对计算工作带来很大的挑战。而等效连续介质模型在较大裂隙密度岩体中很好地解决上述问题,但在裂隙密度较小时适用性差。基于上述两种模型,为保证工程精度的要求,同时降低对裂隙模拟产生的繁重工作量,该研究基于两类介质交叉点处流量平衡和接触处的水头相同的原则,建立了裂隙岩体渗流耦合模型的耦合方程。

$$[N]h = R \tag{1-30}$$

式中　$[N]$——空间八结点等单元的形函效;

　　　h——单元结点水头列阵;

　　　R——总体渗透矩阵。

柴军瑞(2000)为深入探究岩体应力与渗流之间的相互作用关系,并将渗流体积力和渗透静水压力作为影响因素,基于空隙率、体积应变与渗透系数存在的内在联系,提出了等效连续岩体渗流场与应力场耦合分析的数学模型,并引入有限元数值方法对渗流场与应力场耦合作用进行分析,结果表明,当考虑两场耦合作用时,岩体内部各应力分量呈增加趋势。

李培超(2003)在充分考虑多孔介质有效应力原理和流固耦合渗流物理特性的基础上,根据平衡条件和流体力学连续性方程,建立了应力场和渗流场方程,并且基于上述方程的定解条件,提出了饱和多孔介质流固耦合渗流的数学模型。

杨天鸿等(2007)将岩石细观非均匀性的特点作为分析材料破坏问题的出发点,通过细观力学模型及数值方法,并基于弹性损伤本构关系理论,通过对弹性模量、岩体强度力学性质、渗透性和水压力等参数的深入分析,对岩石破裂过程中渗流—应力—损伤耦合问题进行了全面阐述。

1.2.2.3　裂隙岩体水力耦合试验研究现状

纵观岩体节理应力—渗流耦合作用的研究成果,其很大程度上都是基于室内试验条件下对岩体节理试件开展的。节理应力—渗流耦合试验按照试验方法可以分为两种情况:一种为节理剪切—渗流耦合试验,另一种是在法向应力作用下的节理法向应力—渗流耦合试验。节理应力—渗流耦合试验的实现需要在充分施加应力的基础上进行渗流,这对试验系统、试验环境及边界条件的要求非常严格。因此,试验系统能否在真正意义上满足应力—渗流耦合的要求是节理应力—渗流耦合试验研究成功与否的关键。目前,国内外学者将最新的岩石伺服技术应用于岩体节理应力—耦合试验中,为研究岩体节理渗透和其变形之间存在的关联性提供试验保障,并且岩体节理应力—耦合问题已经成为国际岩体渗流领域的研究热点。

韩国锋等(2011)以风化的高孔隙率岩石为研究对象,开展三轴试验并测量其渗透性,为探究压缩带在形成过程中和卸载围压过程中岩石的渗透性变化规律以及渗透性与体积应变之间的内在联系提供了依据。

Zhu(2012)采用三轴压缩实验研究了孔隙度在15%～35%范围内的5种砂岩的应力和

破坏模式对轴向渗透率的影响,揭示了岩石由脆性破坏向塑性流动破坏的转换过程中存在峰后渗透率变小的演化现象。

Li 等(1997)在不同围压下研究孔隙水压力、静水压力和试件尺寸对砂岩渗透性的影响,在全应力路径中,围压、孔隙压力和试件尺寸对渗透率的影响较小。在极少数情况下,个别影响因素才对砂岩渗透性产生显著影响。

Wang 等(2002)对沉积岩在三轴压缩试验中的渗透性规律和全应力—应变过程进行研究后发现,岩石的渗透系数不是恒定的常数,而是随岩石应力—应变状态的变化而变化的。在峰值强度之前,随着载荷的增加渗透性逐渐降低,然而渗透率在应变软化阶段急剧增加。并且该研究通过数值模拟获取了底板和顶板岩层应力分布和破坏区的概貌。

胡大伟等(2010)对多孔红砂岩在三轴应力状态下开展了轴向应力循环加卸载试验,获取了多孔红砂岩的渗透性演化规律。分析试验结果后发现,随轴向压力的增加,试样在压密阶段和弹性阶段的渗透率呈线性趋势降低;在塑性变形阶段,渗透率基本保持恒定,而在围压较低的条件下渗透率呈现缓慢增加趋势。在峰值阶段,渗透率会产生一定程度的突跳现象,且随着围压的升高,渗透率的突跳程度逐渐降低。在循环加卸载过程中,骨架颗粒塑性变形导致的渗透率降低的现象是不可逆的。

贺玉龙等(2004)对单裂隙花岗岩和砂岩岩样在围压升降过程中的渗透率变化规律进行了研究。通过试验发现,在围压上升过程中,单裂隙花岗岩和砂岩岩样的渗透率随着有效应力的增加呈负指数形式减小,但随有效应力的增加,单裂隙花岗岩的渗透率降低速率远大于砂岩。在围压下降过程中,单裂隙花岗岩和砂岩岩样的渗透率在恢复过程中存在显著的应力滞后效应。相对于单裂隙花岗岩,砂岩渗透率的恢复程度更为明显。

姜振泉等(2002)对岩石全应力—应变过程的渗透性特征开展试验研究后发现,在峰值应力前的变形阶段,对于软、硬岩等不同岩性的试样,其渗透率与应力关系曲线的对应性、分段规律及几何特征基本保持一致。

张玉卓等(1997)在不同侧压力和加载条件下对裂隙渗流与应力耦合开展了双向等压和双向不等压试验研究,研究结果表明,不同应力条件下渗流量与应力之间存在 4 次方关系或非整数幂关系。

$$Q = A[1 - B(\sigma_x + \sigma_y)]^4 \tag{1-31}$$

式中 σ_x, σ_y——双向主应力;

A, B——常数。

当双向压应力逐渐增加时,裂隙岩体的渗流量呈现减小趋势。然而,当平行于裂隙面方向的单向压应力逐渐增大时,裂隙岩体的渗流量呈现逐渐增大趋势。另外,根据试验数据的回归分析结果,当裂隙的初始开度较大时,渗流量与应力之间存在非整数幂关系。

郑少河等(1999)基于天然裂隙渗流试验,对三维应力作用下裂隙渗流规律开展研究,提出了在等效法向应力作用下裂隙闭合量与渗透系数的数学关系表达式。

$$k_f = k_0[\sigma_2 - \nu(\sigma_1 + \sigma_3) - p]^{-a} \tag{1-32}$$

式中 k_f——天然单裂隙渗透系数;

$\sigma_1, \sigma_2, \sigma_3$——三向主应力,其中 σ_2 垂直裂隙面,σ_1、σ_3 平行于 f 裂隙面;

ν——泊松比;

p——裂隙水压力;

a——系数,由裂隙面的粗糙度决定。

在三维应力状态下裂隙岩体的渗流特征以法向应力起主导作用,渗透系数随法向应力的增加迅速减小。该公式适用于单裂隙渗流,同样也适用于高应力状态下拟连续介质渗流。

刘亚晨等(2001)以细粒花岗岩进行单裂隙和正交裂隙为研究对象,对高温、高压作用下裂隙岩体的渗透特性开展了试验研究,结果表明在轴压、水压差保持稳定时,法向应力、温度与裂隙渗透系数之间呈现幂函数关系:

$$k_{\mathrm{f}} = A\exp(-\alpha\sigma_3 - \beta T) \tag{1-33}$$

式中　σ_3——法向压应力;

　　　T——温度;

　　　A,α,β——系数,可通过试验获取。

Esaki(1999)提出了一种新的岩石节理剪切渗流试验方法,基于人造的花岗岩试样,研究了节理剪切变形和剪胀作用对岩石节理渗透系数的影响。试验结果表明,在剪切位移作用下,裂隙渗透系数的变化趋势与剪胀特性大致相似。

刘才华等(2002)通过室内渗流剪切实验,探讨了在4组较低水平应力、5级较低水头条件下裂隙岩体在剪应力作用的渗流特性,提出了岩石裂隙剪应力—渗流耦合模型。试验结果表明:相对于水头和法向应力对裂隙岩体渗流量产生的影响,剪应力的影响作用较小。剪应力的增加会使裂隙流量逐渐降低,而且剪应力与流量的关系曲线近似为一条直线。

赵阳升等(1999)以石灰岩岩样和煤样为研究对象,在三向应力作用下对裂隙岩体开展了渗透试验,推导出了孔隙压力与三维应力作用下的裂缝渗透系数表达式。研究从渗透试验的角度,对裂缝法向刚度、张开度、连通系数及其变化规律进行了测定。由于该研究结果对试验材料和试验条件具有较高的针对性,因此在较大范围内推广存在一定难度。

综上所述,国内外学者对裂隙渗流过程中的变形特性及渗流特性进行了广泛且深入的研究。但是,对考虑粗糙度作用下微裂隙岩体渗流规律方面的研究较少。受试验条件所限,目前能够使微裂隙处于三轴应力状态下,通过较高进水压力来模拟真实深井环境下的微裂隙渗流特征,并可对微裂隙表面的微小形变进行实时监测的试验装置涉及甚少。因此研发一套针对深部围岩微裂隙渗流的试验系统,并综合考虑粗糙度对渗流的影响是十分必要的。

1.2.3　相似材料模拟试验研究

在岩土工程领域研究中,相似物理模型试验能较好地模拟复杂工程的外部力学环境、材料物理力学性质及时间效应等特征,能研究工程的受力全过程,从弹性到塑性,一直到破坏。因此,相似材料模拟试验方法可以广泛地用来研究实际工程中围岩的正常受力状态、极限受力状态、峰后及破坏形态。基于相似理论,在模型试验中模型的构建应使用相似材料,而相似材料的选择及配比对相似模拟试验的成功与否发挥着至关重要的作用。而在深井高围压、高渗透压条件下采用相似材料模拟砂岩微裂隙渗流变化规律的关键问题在于要对试验过程中选用的相似材料与深井微裂隙的宏细观物理力学性质的相似比、试验过程中的加载条件与深井环境中的外界荷载的相似比保证严格相似,且相似材料的物理力学性质在整个试验过程中不会发生较大的变化。国内外学者在开展相关物理模型试验过程中对相似材料的动态力学特性及试验条件开展了大量的科学研究。

目前,由胶结剂胶结散体材料制备的颗粒胶结型相似材料是众多物理相似模型试验中采用最频繁的岩体相似材料,具有制作方便、材料来源广泛、强度和弹性模型可调等优点。

许多学者都对颗粒胶结型相似材料进行了研制及力学特性研究。

韩伯鲤(1997)以重晶石粉和加膜铁粉为骨料,采用松香为胶结剂,然后使用模具压制而形成 MSB 材料。该相似材料具有低强度、低变形模量、高容重、高绝缘度等诸多优点,材料自身的物理力学指标覆盖面较为广泛,可以通过改变材料之间的配比来满足不同类型岩体的相似模拟要求,在很大程度上提高了地质力学模型试验研究工作水平与效率,但该材料对人体有 定的毒害作用。

马芳平等(2004)为了克服相似材料性质不稳定、容易生锈及容重低的缺点,采用磁铁矿精矿粉、河砂、石膏或水泥、拌和用水及相关添加剂研制出了 NIOS 材料,该相似材料可以在较大的范围内对容重、抗压强度和弹性模量等力学参数进行调整,且在溪洛渡水电站地下洞群三维物理模型试验中获得了较好效果。

张杰等(2004)为解决固体模型材料遇水崩解的难题,采用沙和石蜡为骨料,研制出了非亲水性固—液耦合相似材料,并在富水风积沙层开展了相似模拟试验,取得了较好的效果。而且试验通过改变配合比和成型压力,可对模型材料的变化幅度做出较大调整,进而可推广用来模拟不同力学性能的岩石材料。

左保成等(2004)以灰岩为研究对象,将骨料与胶结物的配比、胶结物中胶结材料的配比、养护方式对强度的影响作为考察指标,采用石英砂、石膏、水泥开展了相似材料模拟试验。试验发现,相似材料石膏样的力学强度与砂胶比呈现双曲线关系,而混合样的力学强度的变化趋势则呈现为抛物线,并且养护方式会对相似材料的力学性能造成很大影响。

叶志华(2005)以龙潭隧道为背景,采用河沙、石灰、石膏材料,对隧道围岩的相似材料开展试验研究,试验结果表明:龙潭隧道围岩的相似材料组成的最佳配比,即河沙:石膏:石灰:水分(质量比)=72.8:11.7:2.9:12.6,相似比 $C_\sigma/(C_L \cdot C_\gamma)=1.03$ 和 $C_E/(C_L \cdot C_\gamma)=0.96$,符合相似准则。该相似材料的破坏形式与围岩的破坏形式类似,说明采用该相似材料来模拟隧道围岩是合理的。

王汉鹏(2006)将 MSB 材料和 NIOS 材料的优点相结合,以铁精粉、重晶石粉、石英砂为骨料,松香、酒精为胶结剂,配合石膏粉研制出了一种新型地质力学模型试验相似材料。由于铁精粉、重晶石粉粒度很小,为调整相似材料的力学性质并获得最优级配,该研究将 20~40 目的石英砂作为粗骨料加入到相似材料中。

李树忱等(2010)采用砂和滑石粉作为骨料,石蜡作为胶结剂,配合滑石粉、液压油研制出 PSTO 固—流耦合相似材料。在室内试验条件下,系统性地研究了不同相似材料配比和装模温度对试件性能的变化规律,分析了影响相似材料性质的主要因素。最后将该相似材料在隧道涌水模型试验进行应用,可有效地揭示应力、变形、渗压等多场信息的变化规律。

李术才等(2012)基于地质力学模型试验的流—固耦合相似理论和大量相似材料强度试验,以由砂、重晶石粉、滑石粉为骨料,水泥、凡士林为胶结剂,配合硅油与水研制出一种新型流—固耦合相似材料。采用水泥和凡士林对相似材料的强度及弹性模量进行调节,由凡士林和硅油对相似材料渗透系数进行控制。该相似材料在青岛胶州湾海底隧道的模型试验中取得了很好的效果,尤其是在力学性能和水理性能方面,均符合试验要求。

徐钊等(2013)为探究低强度相似材料参数的敏感性,基于铁矿粉、重晶石粉、砂和石膏的用量 4 个因素 5 种水平开展了正交试验相似材料模拟试验。试验结果表明,相似材料的容重与抗压强度因铁矿粉与石膏用量的变化而产生显著变化。铁矿粉的主要作用在于在提高相似材料的容重,而石膏的用力对相似材料的抗压强度产生了较大的影响;最终研究给出了铁矿体相似材料模拟的最佳配比为 $m(砂):m(重晶石):m(铁矿粉):m(石膏)=21:78:40:8$。

洛锋等(2013)采用2种不同的材料使用方案(砂—石膏—泥子粉、砂—水泥—石膏)对相似模型试验开展研究,综合分析不同配比试件的力学性能及破坏特征。试验结果表明,2种相似材料在加载过程中表现出了较好的弹塑性,且峰后软化阶段曲线平稳,残余强度较为稳定。加载过程中出现应力波动和异常卸压是由于相似材料体胶结不够充分引起的,并且在配制和测试过程中,人为因素对材料产生了较大的误差。

王刚(2015)以黄岛国家石油储备库地下水封石油洞库为工程背景,选用 32.5R 水泥、细砂、水以及减水剂为研究对象,采用正交设计试验研制出一种新型相似材料。通过巴西劈裂制作粗糙节理面,并采用三维形貌激光扫描仪来获取节理面形貌,获得了节理平均 JRC。该研究认为岩石相似材料模拟的最佳配比为:水泥:细砂:水:减水剂=1:1:0.3:0.005。

一直以来,在相似材料的研制方法及力学性能试验方面的研究在不断发展创新,并且在骨料、胶结剂的选择方面进行了充分论证。但大部分的相似材料注重力学性能相似,对相似材料表面的微观结构及其宏观的本构模型研究较少。因此,有必要对深井砂岩物理力学性质进行全面分析并开展相似材料的研究工作,为进一步探究粗糙度的评价方法及渗流演化机理提供材料基础。

1.3　本书研究内容

本书以深井砂岩微裂隙为研究对象,通过研制新型的试验系统,采用室内试验、理论分析和数值模拟相结合的综合研究方法,对微裂隙粗糙度特性及渗流机理开展深入研究。在对深井砂岩开展基本物理力学性质试验研究的基础上研制了深井微裂隙砂岩相似模型,并对其性能进行讨论,基于不同类型的微裂隙构建了其三维粗糙度表征方法,并对微裂隙的渗流机理进行了研究,为治理深部围岩微裂隙引发的涌水难题提供了理论基础。因此,主要研究内容包括以下几方面:

(1)深井砂岩基本物理与力学性质

研究深井砂岩基本物理与力学性质,分析粗、中、细三种砂岩颗粒粒度、矿物成分、微观结构及水理特性,揭示深井砂岩吸水饱和前后的强度与变形特性。

(2)微裂隙砂岩相似材料及损伤本构模型研究

采用正交试验方法研究深井微裂隙砂岩相似材料的最佳配比,针对不同配比的相似材料进行了单轴、三轴压缩试验并测试了其吸水率。结合深井砂岩基本物理与力学性质特征,确定了相似材料的最佳配比并建立了砂岩应变软化损伤统计本构模型,最终制备了微裂隙砂岩相似模型。

(3)微裂隙粗糙度参数特性及三维粗糙度表征方法

对微裂隙粗糙度的几何特征进行描述,在此基础上提出了利用光源模拟技术、三维离散点云数据处理技术来表征粗糙度的新方法,并利用 Python 编程语言开发了微裂隙三维粗糙度表征程序。基于微裂隙三维粗糙度表征程序对粗糙度参数开展了单因素和双因素分析,最终提出了一种微裂隙粗糙度指标 JRI,构建了 JRI 与 JRC 之间的关系表达式,并对砂岩微裂隙面三维粗糙度系数 *JRC* 的变化规律进行分析。

（4）砂岩微裂隙渗流演化机理试验及数值模拟研究

自主设计研发了微裂隙三轴应力渗流机理模型试验系统,以此获取微裂隙在不同三轴应力条件下裂隙表面不同位置处的应变,并对整个渗流过程进行实时动态监测。制备了含有不同粗糙度的砂岩渗流试件,利用该试验系统对不同粗糙度的微裂隙开展了渗流试验,获取并分析了渗流过程中裂隙表面的变形及渗流特性。采用 COMSOL Multiphysics 多物理场仿真软件对应力作用下微裂隙岩体的渗流规律进行模拟,讨论了粗糙度因素作用下的微裂隙渗流特征。

2 深井砂岩基本物理力学性质试验研究

深井砂岩的微观结构、吸水特性以及力学性质对微裂隙渗流规律产生直接影响,因此,对深井砂岩的基本物理力学性质开展研究是研究微裂隙渗流机理的重要基础。本章通过对岩样开展物理性质试验(光学显微镜实验、扫描电镜试验、吸水率试验)和力学性质试验(常规单轴、三轴压缩试验),获得了粗、中、细三种砂岩的微观结构特征、基本物理力学性质参数以及不同围压下岩样常规压缩试验的应力—应变曲线,为进一步微裂隙砂岩相似模型的制备、微裂隙三维粗糙度的表征及微裂隙渗流演化机理试验提供了有力的支撑。

2.1 深井砂岩基本物理性质

本试验砂岩岩样取自唐口矿井−990 m水平井底车场围岩,属于二叠系地层。唐口矿井位于山东省济宁市潘家庙境内。立井开拓,主、副、风3个井筒均布置在工业广场内,3个井筒均为千米深井,井底车场水平−990.0 m,井深1 044 m。井筒穿过的地层依次为第四系、侏罗系、二叠系,穿过的厚度第四系217 m,由中、粗、细砂及黏土、砂质黏土组成,二叠系311 m,由灰绿、紫红、灰白、灰黑等色的粗、中、细砂岩、粉砂岩、泥岩、砂质泥岩等组成,且基岩裂隙高度发育。

从唐口矿井钻孔取芯得到的岩样根据岩性分为粗砂岩、中砂岩和细砂岩,经过试验室取样、切割、磨平得到的φ50×100 mm的标准圆柱体试件,其取芯岩样及标准圆柱体试件如图2-1所示。

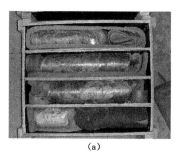 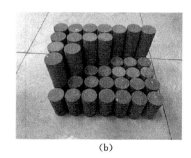

(a)   (b)

图 2-1　砂岩试件加工

(a) 现场岩样密封;(b) 砂岩标准圆柱体试件

2.1.1 砂岩微观结构及矿物成分测试分析

为获取粗、中、细三种砂岩的微观结构及矿物成分,对砂岩进行岩石切片,并用光学显微镜进行观察。其具体操作流程为:将3种砂岩标本在切片机上切成约3 mm的薄板,然后用金刚砂和水研磨至厚度为 0.03 mm 的薄片,并在玻璃板上用细粒钢铝石进行抛光,最后用加拿大树胶粘贴在载玻片上,如图 2-2 所示。采用光学显微镜观察其矿物成分、颗粒结构,试验结果如图 2-3 所示。

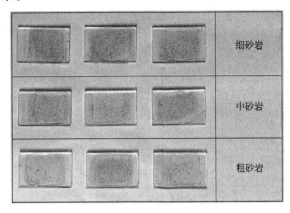

图 2-2 岩石切片制备

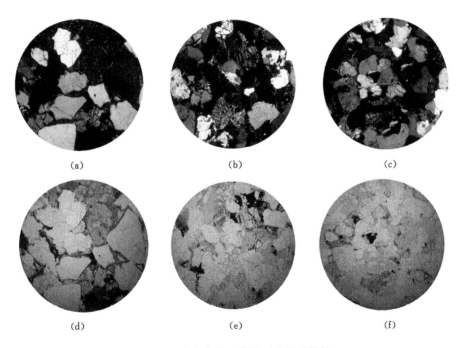

图 2-3 砂岩光学显微镜下的微观结构

(a) 粗砂岩—正交偏光;(b) 中砂岩—正交偏光;(c) 细砂岩—正交偏光;
(d) 粗砂岩—单偏光;(d) 中砂岩—单偏光;(f) 细砂岩—单偏光

由图 2-3 分析可知,粗砂岩、中砂岩、细砂岩主要成分均为石英、长石和岩屑,且 3 种砂岩颗粒磨圆度较差。粗砂岩主要为颗粒支撑,颗粒间以点到线接触为主,少量为缝合接触。中砂岩和细砂岩主要为颗粒支撑,颗粒间以线接触为主。粗砂岩颗粒主要为次棱到次圆状,少量为次圆状,粒度为 0.45～1.2 mm。其中,石英含量为 25%,燧石为 45%;长石含量为 5%,包括钾长石和钠长石;岩屑包括喷出岩、石英岩,含量分别为 3% 和 19%;另外含有少量云母,含量大约为3%。中砂岩颗粒主要为次棱角状,粒度为0.25～0.5 mm。其中,石英含量为45%,燧石为7%;长石含量为5%,主要是钾长石;岩屑主要为石英岩,含量为40%;另外含有少量云母,含量大约为2%。细砂岩颗粒主要次棱到次圆状,少量为棱角状,粒度为0.03～0.25 mm。其中,石英含量为48%,燧石为8%;;长石含量为10%,包含钾长石和斜长石;岩屑包括变质岩、石英岩、千枚岩,含量分别为5%、20%、4%;另有少量白云母,含量大约为5%。

根据参考文献[141,142]中的过筛粒度分离法,取粗、中、细3种砂岩各5 000 g,将其分别放在5%NaOH溶液中煮沸使砂岩颗粒逐渐分离,然后对砂岩原样中不同粒度的颗粒进行烘干、筛分、称量及统计,最终得到砂岩的颗粒级配曲线如图2-4所示,其粒径大小与光学显微镜分析结果基本一致。

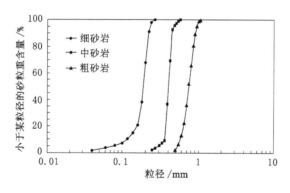

图 2-4　3种砂岩颗粒级配曲线

2.1.2　砂岩微观结构特征

选取自然状态下及吸水48 h后的砂岩岩样,经过样品制作,样品抽真空、镀金,放入样品室等操作流程,利用FEI Nova Nano SEM450高分辨扫描电镜(SEM)来观察3种砂岩吸水前后的微观结构特征,其中扫描电镜系统及试验操作过程如图2-5和图2-6所示。

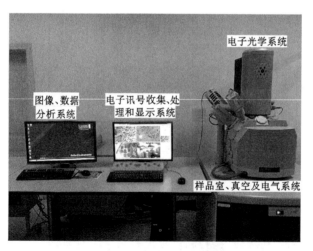

图 2-5　扫描电镜系统

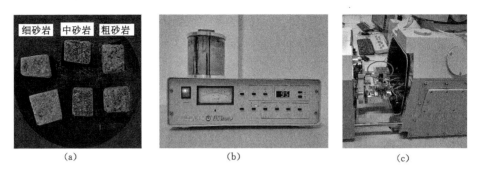

(a)　　　　　　　　　(b)　　　　　　　　　(c)

图 2-6　扫描电镜试验过程

(a) 样品制作；(b) 样品抽真空、镀金；(c) 放入样品室

基于 3 种砂岩岩样，选取具有代表性的 SEM 图像进行分析，如图 2-7 所示。

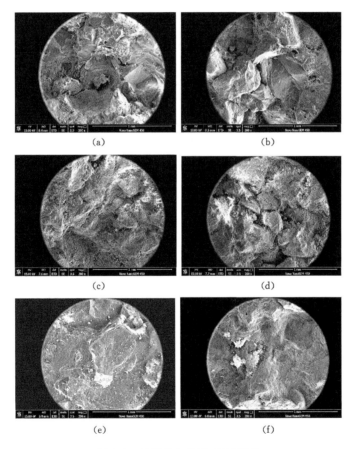

(a)　　　　　　　　　　　　(b)

(c)　　　　　　　　　　　　(d)

(e)　　　　　　　　　　　　(f)

图 2-7　砂岩吸水前后 SEM 图像

(a) 粗砂岩吸水前(×200)；(b) 粗砂岩吸水后(×200)；(c) 中砂岩吸水前(×200)；

(d) 中砂岩吸水后(×200)；(e) 细砂岩吸水前(×200)；(f) 细砂岩吸水后(×200)

　　岩石中矿物颗粒的大小、排列、紧密程度及黏土矿物的结构形态都可能会对岩石的微观结构特征产生直接影响。由图 2-7 可以看出，粗砂岩和中砂岩在吸水后孔隙结构发生明显变化，其致密片状结构明显变得疏松；细砂岩在吸水后孔隙结构无太大差异，但蒙脱石颗粒由于吸水体积增大。这是由于填充在粗砂岩和中砂岩颗粒间的黏土矿物与水接触后发生化学反应,会造成较大的骨架颗粒脱落,岩石中的较大孔隙被水充填,从而使得岩石中的微小空隙进一步扩张,孔径变大,连通性变好;另外,充填在岩石颗粒孔隙间的胶结物等会因为水的运移而发生部分溶解、破碎及运移,进而使运移通道扩张,变得更加光滑,孔径变大,连通性变好。

2.1.3 砂岩水理特性

对于砂岩的水理性质研究,可开展砂岩的吸水特性试验,揭示其吸水规律。岩石的吸水率是指岩石吸水的质量与试件固体质量之比,间接反映了岩石内部的孔隙情况。为研究砂岩的吸水率随时间变化的规律,采用自由浸水法对 3 种砂岩开展了吸水试验,试验过程及吸水率随时间变化曲线如图 2-8 和图 2-9 所示。

图 2-8　砂岩吸水试验

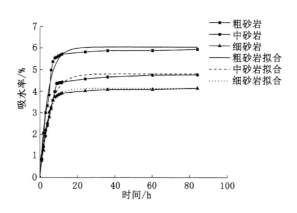

图 2-9　砂岩自然吸水率随时间变化曲线及拟合曲线

从图 2-9 可以看出,3 种砂岩岩样的吸水率均随时间的增加而增大,且 3 种砂岩基本都是在 8 h 后吸水率开始趋于稳定。吸水试验初期,粗砂岩吸水率增长最快,中砂岩、细砂岩吸水率较为接近,吸水率与时间接近线性关系,吸水量随时间的增加而快速增大,这是由于水分会先充填到岩石内部较大的空隙,且充填在粒间孔隙的胶结物会因水的运移引起溶解、破碎和迁移,使运移通道扩张,孔隙变大,连通性变好,故吸水率增长较快;在此之后,吸水速率随着吸水时间的增加而逐渐降低,同时吸水量的增加也开始减缓;吸水试验后期,吸水率的增长接近于零,吸水量几乎不再增加,吸水率到达一个稳定值,砂岩岩样基本达到吸水饱和状态,这是由于在吸水过程后期,随着吸水量的增加,岩石中的孔隙基本被水充满,孔隙通道也变得狭小,水分在岩样内运移困难,岩样吸水达到稳定状态。

对 3 种砂岩的吸水率进行对比发现,3 种砂岩的最大吸水能力存在较大差异。其中,粗砂岩吸水能力最强,稳定吸水率为 5.94%;中砂岩次之,稳定吸水率为 4.76%;细砂岩吸水能力最差,稳定吸水率为 4.14%。这是由于粗砂岩具有较大的颗粒粒径,粗骨料之间接触不够紧密,其孔隙内径高于其他两种砂岩,故稳定吸水率最大。

为更好地描述岩样吸水试验过程,对 3 种砂岩岩样的吸水率随时间变化曲线进行拟合,拟合函数如式(2-1)所示。

$$\omega = a(1 - e^{-bt}) \quad (0 \leqslant t \leqslant 82) \tag{2-1}$$

式中　ω, t——岩样吸水率和吸水时间;

　　　　a, b——拟合参数。

吸水试验过程的拟合曲线及参数拟合结果如图 2-9 和表 2-1 所示,结果表明,拟合曲线与试验结果同样具有较好的吻合程度,所有拟合曲线的相关系数 R^2 均大于 0.97。

表 2-1　　　　　　　　　　　　吸水过程拟合参数

岩样	a	b	R^2
粗砂岩	6.043	0.239	0.978
中砂岩	4.803	0.196	0.987
细砂岩	4.135	0.250	0.991

2.2　深井砂岩基本力学性质

采用 TAW-2000 电液伺服三轴试验系统对自然状态下的 3 种砂岩试件进行常规单轴和三轴压缩试验,围压采用 5 MPa 和 10 MPa。试验采用变形速率控制加载,设置变形速率为 0.02 mm/min,得到 3 种砂岩的应力—应变曲线如图 2-10 所示,其力学性质参数如表 2-2 所示。

表 2-2　　　　　　　　　　　　粗、中、细砂岩力学参数

试件编号	单轴压缩		围压 5 MPa		围压 10 MPa		容重 /(kN/m³)	弹性模量 /GPa
	$\sigma_{峰值}$/MPa	$\varepsilon_{峰值}$/10^{-3}	$\sigma_{峰值}$/MPa	$\varepsilon_{峰值}$/10^{-3}	$\sigma_{峰值}$/MPa	$\varepsilon_{峰值}$/10^{-3}		
粗砂岩	39.53	3.76	66.89	6.40	77.19	12.33	23.10	18.11
中砂岩	37.07	5.01	48.79	13.02	60.60	19.81	21.56	16.38
细砂岩	39.62	3.52	69.05	8.33	75.93	11.08	22.69	20.39

由图 2-10 和表 2-2 可以看出,粗砂岩单轴抗压强度为 39.53 MPa,对应的峰值点轴向应变为 3.76×10^{-3};中砂岩单轴抗压强度为 37.07 MPa,对应的峰值点轴向应变为 5.01×10^{-3};细砂岩单轴抗压强度为 39.62 MPa,对应的峰值点轴向应变为 3.52×10^{-3}。由此可知,3 种砂岩试件的单轴抗压强度比较接近,但是对应的峰值应变存在一定差异。粗砂岩和细砂岩的峰值应变相差不大,但均小于中砂岩的峰值应变。

三轴压缩试验中,粗砂岩和细砂岩在围压不同的条件下应力—应变曲线特征较为接近,

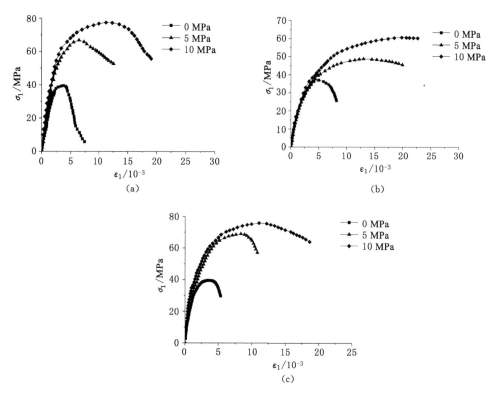

图 2-10　砂岩自然状态下单轴与三轴压缩应力—应变曲线
(a) 粗砂岩；(b) 中砂岩；(c) 细砂岩

均呈现围压越大,弹性变形段斜率越大的趋势,围压的增加可以显著提高砂岩的强度,且围压为 $0\sim5$ MPa 的强度增幅明显大于 $5\sim10$ MPa 的强度增幅;而中砂岩在 5 MPa 和 10 MPa的围压下相比于粗砂岩和细砂岩,其屈服阶段更长,峰值点明显后移。

综上所述,在加载初始阶段,砂岩试件处于弹性阶段,应力—应变曲线呈直线;随着法向应力的逐渐增加,试件应力逐渐增长到峰值强度,且峰值强度随着围压的增大呈现逐渐增加的趋势;峰后曲线阶段,应力开始逐渐降低,应变在不断增大,且随着围压的增加应力下降趋势变缓。与三轴压缩情况相比,砂岩在单轴压缩的情况下的压密、弹性、屈服以及破坏四个阶段更为显著,而且压密阶段较长,三轴压缩虽然也可以看出四个阶段,但是压密段变短,屈服阶段更加明显,峰值点明显后移。

为了进一步研究砂岩的软化系数,分别对吸水饱和后的 3 种砂岩试件开展单轴压缩试验,得到饱水状态下 3 种砂岩试件单轴压缩的应力—应变曲线如图 2-11 所示。

由图 2-11 可以看出,粗砂岩、中砂岩、细砂岩饱水后峰值强度分别为 29.65 MPa、28.17 MPa、30.90 MPa,对应的软化系数分别为 0.75、0.76、0.78。说明 3 种砂岩饱水时单轴抗压强度明显小于对应砂岩在自然状态下的单轴抗压强度,而且细砂岩的软化系数最大,中砂岩次之,粗砂岩最小。这是由于砂岩吸水后,其中的胶结物会被破坏,骨架颗粒也会部分脱落,砂岩结构疏松,强度下降。根据吸水率试验结果,细砂岩饱和吸水率最小,且细砂岩软化系数最大,两者是相互统一的。

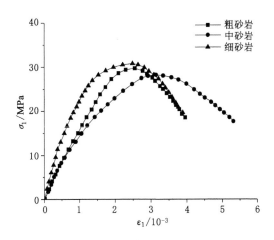

图 2-11 砂岩饱水状态下单轴压缩应力—应变曲线

2.3 本章小结

本章主要对取自唐口矿井−990 m水平井底车场典型的粗、中、细3种完整砂岩岩样,开展了基本物理与力学性质试验研究,分析了砂岩颗粒粒度、矿物成分、微观结构特征及水理特性,揭示了深井砂岩的强度与变形特性。主要研究结论如下:

(1)通过光学显微镜对砂岩颗粒粒度及矿物成分进行分析,深井砂岩主要黏土矿物成分以石英、长石、岩屑为主,3种砂岩中细砂岩石英含量最高,可达48%;粗砂岩、中砂岩、细砂岩均为颗粒支撑,其中粗砂岩颗粒间以点到线接触为主,少量为缝合接触,而中砂岩和细砂岩颗粒间以线接触为主;粗砂岩的粒度为0.45~1.2 mm,中砂岩粒度为0.25~0.5 mm,细砂岩粒度为0.03~0.25 mm。依据过筛粒度分离法获取了砂岩的颗粒级配曲线,曲线中的粒度分布与光学显微镜粒度结果保持一致。

(2)通过对深井砂岩吸水前后微观结构与水理特性进行分析,发现粗砂岩和中砂岩在吸水后孔隙结构发生明显变化,其致密片状结构明显变得疏松,而细砂岩在吸水后孔隙结构无太大差异,但其表面的蒙脱石颗粒由于吸水后体积增大。采用自由浸水法测试砂岩的吸水率,三种砂岩岩样在8 h后吸水率开始趋于稳定,粗砂岩吸水能力最强,吸水率为5.94%;中砂岩次之,吸水率为4.76%;细砂岩吸水能力最低,吸水率为4.14%,并且对砂岩岩样的吸水率随时间变化曲线进行了拟合,拟合度大于0.97。

(3)基于深井砂岩岩样单轴与三轴试验,获得了深井砂岩应力—应变曲线,曲线主要分为压密、弹性、屈服以及破坏四个阶段,相比于单轴压缩条件,三轴压缩情况下压密段变短,屈服阶段更加明显,峰值点明显后移,中砂岩表现尤为突出。对粗砂岩、中砂岩、细砂岩饱水后单轴抗压强度进行测试,获得其软化系数分别为0.75、0.76、0.78。

3 微裂隙砂岩相似材料及损伤特性研究

由于获取千米深井含微裂隙的砂岩材料难度较大,研究裂隙表面粗糙度,开展渗流机理试验过程需要大量完整度高、形状规则的砂岩样品,通过现场取样已经无法满足试验要求。为解决上述问题,在参考大量相关研究的基础上,本书选择采用微裂隙砂岩相似材料模拟深井砂岩,为三维粗糙度的表征及微裂隙渗流机理试验的开展奠定基础。

为此,本章以唐口矿井−990 m 水平井底车场围岩中获取的二叠系粗、中、细 3 种砂岩为基础,结合国内外砂岩相似材料研究成果,提出了微裂隙砂岩相似材料的组成成分,采用正交试验方法设计不同材料的配合比,通过将微裂隙砂岩相似材料的三轴压缩试验结果、吸水率试验结果与深井砂岩相比较,最终获得微裂隙砂岩相似材料最佳配比,建立微裂隙砂岩相似材料损伤本构模型,进而研制出微裂隙砂岩相似模型,为微裂隙渗流模拟试验提供科学的材料保证。

3.1 相似材料的基本理论及方法

3.1.1 相似理论

相似理论作为相似模型试验的理论基础,是研究自然现象中特殊和一般、个性和共性以及内部矛盾和外部条件之间联系的理论。在相似模型试验中,必须模型和原型相似,才能根据相似模型试验的结果推导出原型对应的结果。相似理论用来解决相似模型试验的根本布局问题,为相似模型试验提供了相似判据——相似原理。

相似原理的基本内容包括三部分:相似正定理、相似 π 定理和相似逆定理。

(1) 相似第一定理——相似正定理

相似正定理内容是相似现象具备的性质,其相似现象的不同物理量,相似准则相等,相似指标等于 1,且单值条件也相似。

单值条件是指个别现象区别于同类现象的特征,包括初始条件、几何条件、物理条件和边界条件。初始条件指研究现象在初始时刻具备的特征;几何条件指研究对象的大小和形状;物理条件指研究对象的物理性质;边界条件指研究对象在边界上的物理量的分布。

(2) 相似第二定理——相似 π 定理

相似 π 定理可以阐述为若研究的现象相似,则表示参与过程的方程式可转换成包含某些无量纲的相似准则之间的函数关系——无量纲模数方程,且相似现象的无量纲模数方程相同。

由于相似准则是无量纲的,所以阐述相似现象的函数表达式:

$$f(a_1, a_2, \cdots, a_k, a_{k+1}, a_{k+2}, \cdots, a_n) = 0 \tag{3-1}$$

能够转换为无量纲的相似准则表达式:

$$F(\pi_1,\pi_2,\cdots,\pi_{n-k})=0 \qquad\qquad (3\text{-}2)$$

式(3-1)中 $a_1,a_2,\cdots,a_k$ 是基本量，$a_{k+1},a_{k+2},\cdots,a_n$ 是导出量，式(3-2)中 $\pi_1,\pi_2,\cdots,\pi_{n-k}$ 是相似准则，故相似准则有 $n-k$ 个。

相似 π 定理为相似模拟试验的发展奠定了理论基础，若研究对象相似，根据相似 π 定理，就能够根据模型试验结果得到相似准则表达式，进而求得原型结果。因为该函数关系式是由一个多元的物理函数表达式转换得到的，故最大限度地减少了试验次数，大大简化了试验过程。

（3）相似第三定理——相似逆定理

相似逆定理表述为：两个物理体系可以描述为相同的文字表达式，单值条件也相似，而且单值条件包含的各物理量对应的相似准则相等，则两个物理体系是相似的。但是在复杂的地下工程中，使得模型和原型全部满足相似逆定理的条件几乎不可能。可以根据研究对象的特点，仅考虑对研究现象的结果影响重要的物理量，忽略某些次要物理量，使相似模拟试验顺利开展。

3.1.2 相似准则的推导方法

相似准则作为相似理论的核心内容，是判断两个研究对象是否相似的重要依据，一旦确定了相似准则，就可以建立两个研究对象对应物理量的关系，进而得到相似模型试验中各个物理量的相似比。推导相似准则常用的方法主要有三种：相似变换法、量纲分析法、定律分析法。

（1）相似变换法，也称为方程分析法，是指根据物理对象的基本微分方程组和单值条件推导研究对象的相似准则。

相似变换法的主要步骤为：

① 列出研究对象的基本微分方程和单值条件；

② 列出研究对象相似常数关系式；

③ 将相似常数关系式代入方程组进行相似变换，得到相似指标式并令其值为1；

④ 将相似常数代入相似指标式，整理求得相似准则。

（2）量纲分析法，也称为因次分析法，用量纲分析法推导相似准则的核心理论是 π 定理，在此 π 定理可以阐述为：如果需要 n 个物理量才能解释某一物理现象，并且这些物理量组成一个因次齐次的表达式，则此表达式可以简化为 $n-k$ 个无因次乘积所构成的表达式。

量纲分析法的主要步骤为：

① 确定影响研究现象的所有参数及因次；

② 确定量纲独立的基本参数；

③ 将剩余参数用基本参数表达为无量纲数；

④ 建立表述研究现象的 Π 函数关系式。

（3）定律分析法，是指找出并掌握与研究对象相关的全部物理定律，这便有很大的局限性，通常适用于比较简单的物理现象，对于复杂的地下工程问题，使用这种方法推导相似准则是不合理的。

3.1.3 相似准则的推导过程

相似准则的推导过程可以利用静力平衡方程、几何方程、物理方程及位移、应力边界条件得到。

（1）静力平衡推导相似准则

原型平衡方程：

$$\begin{cases} \dfrac{\partial (\sigma_x)_p}{\partial x_p} + \dfrac{\partial (\tau_{xy})_p}{\partial y_p} + \dfrac{\partial (\tau_{xz})_p}{\partial z_p} + (f_x)_p = 0 \\[3mm] \dfrac{\partial (\sigma_y)_p}{\partial y_p} + \dfrac{\partial (\tau_{xy})_p}{\partial x_p} + \dfrac{\partial (\tau_{yz})_p}{\partial z_p} + (f_y)_p = 0 \\[3mm] \dfrac{\partial (\sigma_z)_p}{\partial z_p} + \dfrac{\partial (\tau_{xz})_p}{\partial x_p} + \dfrac{\partial (\tau_{yz})_p}{\partial y_p} + (f_z)_p = 0 \end{cases} \tag{3-3}$$

模型平衡方程：

$$\begin{cases} \dfrac{\partial (\sigma_x)_m}{\partial x_m} + \dfrac{\partial (\tau_{xy})_m}{\partial y_m} + \dfrac{\partial (\tau_{xz})_m}{\partial z_m} + (f_x)_m = 0 \\[3mm] \dfrac{\partial (\sigma_y)_m}{\partial y_m} + \dfrac{\partial (\tau_{xy})_m}{\partial x_m} + \dfrac{\partial (\tau_{yz})_m}{\partial z_m} + (f_y)_m = 0 \\[3mm] \dfrac{\partial (\sigma_z)_m}{\partial z_m} + \dfrac{\partial (\tau_{xz})_m}{\partial x_m} + \dfrac{\partial (\tau_{yz})_m}{\partial y_m} + (f_z)_m = 0 \end{cases} \tag{3-4}$$

式（3-3）和式（3-4）中 f_x, f_y, f_z 分别表示三个方向的体力，下标 p，m 分别表示原型和模型。

几何相似常数 C_l 表达式：

$$C_l = \frac{x_p}{x_m} = \frac{y_p}{y_m} = \frac{z_p}{z_m} \tag{3-5}$$

应力相似常数 C_σ 表达式：

$$C_\sigma = \frac{\sigma_p}{\sigma_m} = \frac{\tau_p}{\tau_m} \tag{3-6}$$

容重相似常数 C_γ 表达式：

$$C_\gamma = \frac{\gamma_p}{\gamma_m} = \frac{f_p}{f_m} \tag{3-7}$$

将式（3-5）至式（3-7）代入式（3-3）中，得：

$$\begin{cases} \dfrac{C_\sigma}{C_l}\left[\dfrac{\partial (\sigma_x)_m}{\partial x_m} + \dfrac{\partial (\tau_{xy})_m}{\partial y_m} + \dfrac{\partial (\tau_{xz})_m}{\partial z_m} \right] + C_\gamma (f_x)_m = 0 \\[3mm] \dfrac{C_\sigma}{C_l}\left[\dfrac{\partial (\sigma_y)_m}{\partial y_m} + \dfrac{\partial (\tau_{xy})_m}{\partial x_m} + \dfrac{\partial (\tau_{yz})_m}{\partial z_m} \right] + C_\gamma (f_y)_m = 0 \\[3mm] \dfrac{C_\sigma}{C_l}\left[\dfrac{\partial (\sigma_z)_m}{\partial z_m} + \dfrac{\partial (\tau_{xz})_m}{\partial x_m} + \dfrac{\partial (\tau_{yz})_m}{\partial y_m} \right] + C_\gamma (f_z)_m = 0 \end{cases} \tag{3-8}$$

将式（3-8）除以 C_γ 与式（3-4）对比，得应力相似常数、容重相似常数和几何相似常数之间的相似准则表达式为：

$$\frac{C_\sigma}{C_\gamma C_l} = 1 \tag{3-9}$$

式（3-5）至式（3-9）中，σ 表示应力，γ 表示容重，l 表示长度。

同理由几何方程及物理方程可以分别得到对应的相似准则表达式为：

$$\frac{C_\varepsilon C_l}{C_\delta} = 1 \tag{3-10}$$

$$\frac{C_\sigma}{C_\varepsilon C_E} = 1 \tag{3-11}$$

根据量纲分析法,相似模型试验中的所有无量纲的物理量相似常数为 1,即

$$\begin{cases} C_\varepsilon = 1 \\ C_\varphi = 1 \\ C_\mu = 1 \end{cases} \tag{3-12}$$

式(3-10)至式(3-12)中,ε 表示应变,E 表示弹性模型,μ 表示泊松比,φ 表示内摩擦角。

3.2 微裂隙砂岩相似材料的研制

本试验是基于深井砂岩微裂隙渗流特性研究试验,得到满足模拟深井砂岩微裂隙渗流试验的微裂隙砂岩相似材料。若根据前面相似三定理,几乎不可能保证全部物理量都可以相似,故仅将影响试验结果的主要物理力学量考虑在内。

3.2.1 相似材料选择及配比设计

国内外学者对砂岩相似材料开展了大量研究,其大多数以石英砂、重晶石粉、碳酸钙等作为充填材料,以水泥、石膏、石蜡等作为胶结材料,并掺入一定调节剂,按照一定的配合比制备砂岩相似材料。

为保证相似材料在物理力学性质参数上的相似性,确定选择石英砂作为充填材料,石英砂的颗粒级配根据图 2-4 的统计结果来确定,选择普通硅酸盐水泥和石膏的混合物作为胶结材料来制备微裂隙砂岩相似材料。由于砂岩自身容重比较大,故选择细度为100 目的铁精粉作为调节剂来控制微裂隙砂岩相似材料的容重。具体试验材料如图 3-1 所示。

图 3-1　试验材料

(a) 水泥;(b) 石英砂;(c) 铁精粉;(d) 缓凝剂;(e) 石膏;(f) 纯净水

试验采用济南市生产的 P. O42.5 级普通硅酸盐水泥,水泥的化学组成以及物理力学性质如表 3-1 和表 3-2 所示。

表 3-1　　　　　　　　　　P. O42.5 级普通硅酸盐水泥化学组成

CaO	SiO₂	Al₂O₃	Fe₂O₃	SO₃	MgO	Na₂O	K₂O	Lgnition Loss
63.57	20.97	5.21	5.03	2.18	1.31	0.35	0.13	1.25

表 3-2　　　　　　　　　　P. O42.5 级普通硅酸盐水泥物理力学性质

比表面积 /(cm²/g)	密度 /(g/cm³)	凝结时间		抗压强度/MPa	抗折强度/MPa
		初凝/min	终凝/min		
3 450	3.00	120	310	48.5	9.2

试验采用正交试验设计方法,以骨料占固体物质的比例 A(砂＋铁精粉∶砂＋铁精粉＋水泥＋石膏)、骨料成分之比 B(砂∶铁精粉)、胶结成分之比 C(水泥∶石膏)及掺水率 D 作为影响因素。试验考虑到相似材料的胶结物成分中有石膏,故加入一定量的缓凝剂(硼砂)降低石膏凝结速度,缓凝剂掺量为固体质量的 0.2%。本试验设计选择 A、B、C、D 4 种影响因素,每种影响因素有 3 个水平,建立相似材料试验的 L9(3⁴)正交表,如表 3-3、表 3-4 所示。

表 3-3　　　　　　　　　　微裂隙砂岩相似材料正交设计水平

因素水平	A	B	C	D
1	60%	1∶0	1∶0	15%
2	65%	2∶1	5∶1	20%
3	70%	1∶1	3∶1	25%

表 3-4　　　　　　　　　　微裂隙砂岩相似材料 L9(3⁴)正交表

因素	A	B	C	D
1	1(60%)	1(1∶0)	1(1∶0)	1(15%)
2	1(60%)	2(2∶1)	2(5∶1)	2(20%)
3	1(60%)	3(1∶1)	3(3∶1)	3(25%)
4	2(65%)	1(1∶0)	2(5∶1)	3(25%)
5	2(65%)	2(2∶1)	3(3∶1)	1(15%)
6	2(65%)	3(1∶1)	1(1∶0)	2(20%)
7	3(70%)	1(1∶0)	3(3∶1)	2(20%)
8	3(70%)	2(2∶1)	1(1∶0)	3(25%)
9	3(70%)	3(1∶1)	2(5∶1)	1(15%)

3.2.2　微裂隙砂岩相似材料试样制备过程

本试验设计了粗、中、细 3 种微裂隙砂岩相似材料试样,每种微裂隙砂岩相似材料试样分为 9 组,每组包含 9 个试件,微裂隙砂岩相似材料试件总数 243 个,试件为直接能 $\phi50\times100$ mm 的标准圆柱体,试件在 24 h 后成型并进行拆模,在温度为 20 ± 2 ℃、相对湿度为 95％的实验室条件下养护 28 d,所形成试件如图 3-2 所示。

图 3-2　微裂隙砂岩相似材料试件

3.3　微裂隙砂岩相似材料基本力学性质

3.3.1　微裂隙砂岩相似材料常规压缩试验方案

采用 TAW-2000 电液伺服三轴试验系统对微裂隙砂岩相似材料进行了常规单轴、三轴压缩试验,加载过程通过位移控制,设置加载的变形速度为 0.02 mm/min,三轴试验过程包括 5 MPa 和 10 MPa 两个不同围压。TAW-2000 电液伺服三轴试验系统及试验过程分别如图 3-3 和图 3-4 所示。

图 3-3　岩石伺服试验机

3.3.2　微裂隙砂岩相似材料常规压缩试验结果分析

通过单轴、三轴压缩试验获得微裂隙粗砂岩相似材料(LC)应力—应变曲线如图 3-5 所示。

通过对上面试验数据的统计与整理,提取出不同围压条件下微裂隙粗砂岩相似材料试件的力学性质参数,如表 3-5 所示。

(a)   (b)

图 3-4　微裂隙砂岩相似材料试件单轴、三轴压缩试验

(a) 单轴压缩试验；(b) 三轴压缩试验

　　对图 3-5 和表 3-5 分析可知，在 9 组不同配比的微裂隙粗砂岩相似材料试样中，LC-1 组单轴抗压强度最高为 57.72 MPa，该组试样在围压为 5 MPa、10 MPa 时三轴抗压强度分别为 78.17 MPa、84.29 MPa。LC-9 组单轴抗压强度最低为 15.98 MPa，该组试样在围压为 5 MPa、10 MPa 时三轴抗压强度分别为 31.88 MPa、44.55 MPa。由此不难发现，随着围压

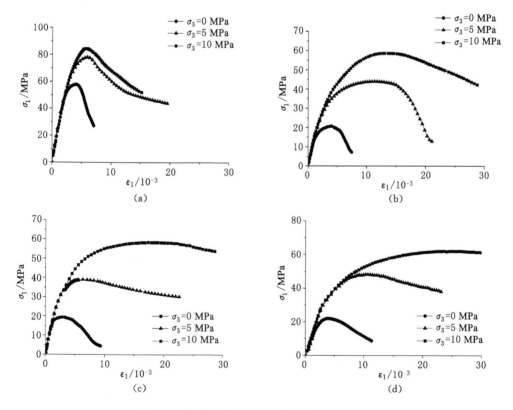

图 3-5　微裂隙粗砂岩相似材料应力—应变曲线

(a) 第 1 组微裂隙粗砂岩相似材料 LC-1；(b) 第 2 组微裂隙粗砂岩相似材料 LC-2；

(c) 第 3 组微裂隙粗砂岩相似材料 LC-3；(d) 第 4 组微裂隙粗砂岩相似材料 LC-4

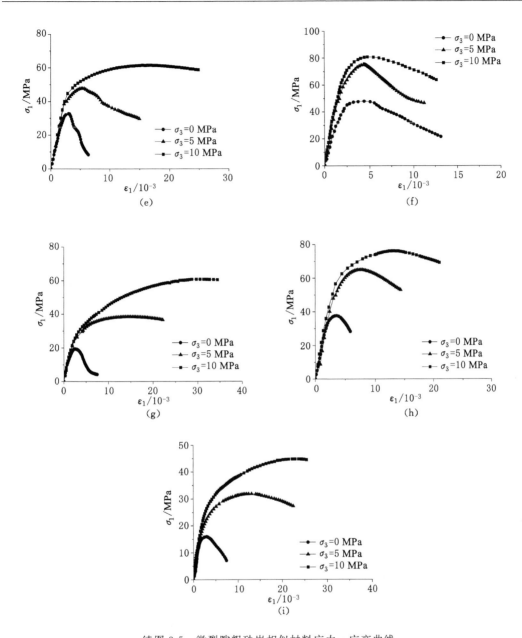

续图 3-5 微裂隙粗砂岩相似材料应力—应变曲线

（e）第 5 组微裂隙粗砂岩相似材料 LC-5；（f）第 6 组微裂隙粗砂岩相似材料 LC-6；

（g）第 7 组微裂隙粗砂岩相似材料 LC-7；（h）第 8 组微裂隙粗砂岩相似材料 LC-8；

（i）第 9 组微裂隙粗砂岩相似材料 LC-9

的增大，LC-1、LC-6 和 LC-8 组试样的极限抗压强度变化率明显小于其他 6 组试样。其主要原因在于胶结物成分之比 C 因素的作用，由于除 LC-1、LC-6 和 LC-8 以外的 6 组均添加有不同比例的石膏，在石膏的作用下，试样在低围压下极限抗压强度较低，随着围压的增加，极限抗压强度变化率增加幅度较大。进一步分析发现，除 LC-1、LC-6 和 LC-8 以外的 6 组峰后强度下降较为平缓，这也是添加石膏产生的效果。

表 3-5　　　　　　　　　　　微裂隙粗砂岩相似材料力学性质参数

试件编号	单轴压缩		围压 5 MPa		围压 10 MPa		容重 /(kN/m³)	弹性模量 /GPa
	σ峰值/MPa	ε峰值/10^{-3}	σ峰值/MPa	ε峰值/10^{-3}	σ峰值/MPa	ε峰值/10^{-3}		
LC-1	57.72	4.3	78.17	6.0	84.29	5.7	21.18	20.59
LC-2	20.76	4.1	43.94	11.4	58.44	13.6	21.12	12.14
LC-3	19.31	2.8	38.99	6.3	58.27	17.4	22.00	12.73
LC-4	21.39	3.2	48.13	10.2	61.54	22.6	19.87	9.21
LC-5	32.72	3.0	47.85	5.2	61.48	15.5	21.91	16.03
LC-6	47.93	4.4	75.30	4.3	80.97	4.7	23.89	20.69
LC-7	19.44	2.6	38.46	11.3	60.82	18.9	20.23	9.91
LC-8	37.70	3.9	64.96	7.3	76.11	13.1	22.89	18.99
LC-9	15.98	3.0	31.88	13.1	44.55	21.1	23.35	8.43

　　通过单轴、三轴压缩试验获得微裂隙中砂岩相似材料（LZ）应力—应变曲线如图 3-6 所示。

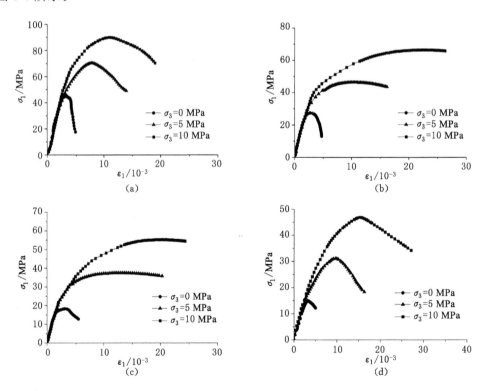

图 3-6　微裂隙中砂岩相似材料应力—应变曲线
（a）第 1 组微裂隙中砂岩相似材料 LZ-1；（b）第 2 组微裂隙中砂岩相似材料 LZ-2；
（c）第 3 组微裂隙中砂岩相似材料 LZ-3；（d）第 4 组微裂隙中砂岩相似材料 LZ-4

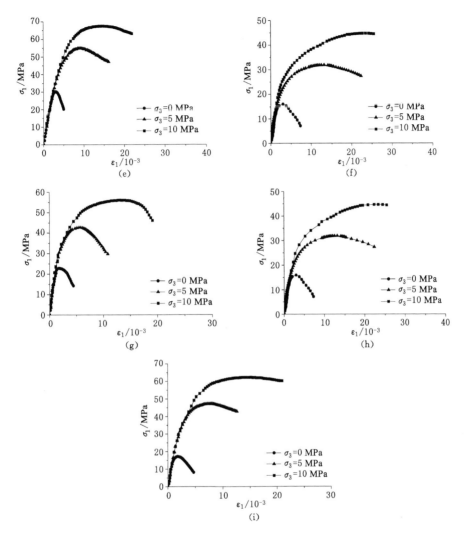

续图 3-6　微裂隙中砂岩相似材料应力—应变曲线

(e) 第 5 组微裂隙中砂岩相似材料 LZ-5；(f) 第 6 组微裂隙中砂岩相似材料 LZ-6；

(g) 第 7 组微裂隙中砂岩相似材料 LZ-7；(h) 第 8 组微裂隙中砂岩相似材料 LZ-8；

(i) 第 9 组微裂隙中砂岩相似材料 LZ-9

通过对上面试验数据的统计与整理,提取出不同围压条件下微裂隙中砂岩相似材料试件的峰值应力和峰值应变,如表 3-6 所示。

表 3-6	微裂隙中砂岩相似材料力学性质参数						
试件编号	单轴压缩		围压 5 MPa		围压 10 MPa		容重/(kN/m³)	弹性模量/GPa
	$\sigma_{峰值}$/MPa	$\varepsilon_{峰值}$/10^{-3}	$\sigma_{峰值}$/MPa	$\varepsilon_{峰值}$/10^{-3}	$\sigma_{峰值}$/MPa	$\varepsilon_{峰值}$/10^{-3}		
LZ-1	45.18	3.4	70.51	7.7	89.87	11.0	20.41	16.57
LZ-2	27.43	2.7	46.37	10.8	66.33	23.1	21.28	13.06
LZ-3	18.24	3.1	37.45	13.3	55.21	21.0	21.37	11.63

续表 3-6

试件编号	单轴压缩		围压 5 MPa		围压 10 MPa		容重 /(kN/m³)	弹性模量 /GPa
	$\sigma_{峰值}$/MPa	$\varepsilon_{峰值}$/10^{-3}	$\sigma_{峰值}$/MPa	$\varepsilon_{峰值}$/10^{-3}	$\sigma_{峰值}$/MPa	$\varepsilon_{峰值}$/10^{-3}		
LZ-4	14.95	3.2	31.19	9.7	46.94	15.3	19.00	6.18
LZ-5	30.13	3.0	54.88	9.4	67.34	15.6	21.63	11.52
LZ-6	36.03	3.3	66.20	6.7	82.40	13.7	21.95	18.55
LZ-7	22.83	1.7	42.70	5.9	56.00	13.1	19.34	18.94
LZ-8	35.27	6.3	46.88	14.0	58.63	20.4	21.07	16.64
LZ-9	17.20	1.8	47.29	7.9	62.18	15.6	23.30	15.63

对图 3-6 和表 3-6 分析可知,在 9 组不同配比的微裂隙中砂岩相似材料试样中,LZ-1 组单轴抗压强度最高为 45.18 MPa,该组试样在围压为 5 MPa、10 MPa 时三轴抗压强度分别为 70.51 MPa、89.87 MPa。LZ-4 组单轴抗压强度最低为 14.95 MPa,该组试样在围压为 5 MPa、10 MPa 时三轴抗压强度分别为 31.19 MPa、46.94 MPa。与微裂隙粗砂岩相似材料 LC51 组相比,微裂隙中砂岩相似材料试样的 LZ-1 组在围压为 10 MPa 时极限抗压强度有一定幅度的增长。这是由于微裂隙粗砂岩相似材料具有较大颗粒粒径,其孔隙内径及孔隙率均高于微裂隙中砂岩相似材料,进而在高围压条件下使得试样骨架呈现较低的稳定性,极限抗压强度是其外在表现形式。而微裂隙中砂岩相似材料试样的 LZ-1 组在围压为 0 MPa、5 MPa 时极限抗压强度比微裂隙粗砂岩相似材料 LC-1 组低,此时很大程度上是由于颗粒自身的力学性能做出了较大的贡献。

通过单轴、三轴压缩试验获得微裂隙细砂岩相似材料(LX)应力—应变曲线如图 3-7 所示。

通过对上面试验数据的统计与整理,提取出不同围压条件下微裂隙细砂岩相似材料试件的峰值应力和峰值应变,如表 3-7 所示。

对图 3-7 和表 3-7 分析可知,在 9 组不同配比的微裂隙细砂岩相似材料试样中,LX-1 组单轴抗压强度最高为 60.93 MPa,该组试样在围压为 5 MPa、10 MPa 时三轴抗压强度分别为 85.21 MPa、93.89 MPa。LX-7 组单轴抗压强度最低为 14.80 MPa,该组试样在围压为 5 MPa、10 MPa 时三轴抗压强度分别为 41.00 MPa、51.32 MPa。与微裂隙粗砂岩相似材

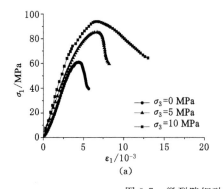 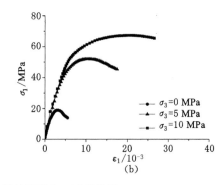

图 3-7 微裂隙细砂岩相似材料应力—应变曲线

(a) 第 1 组微裂隙中砂岩相似材料 LX-1;(b) 第 2 组微裂隙中砂岩相似材料 LX-2

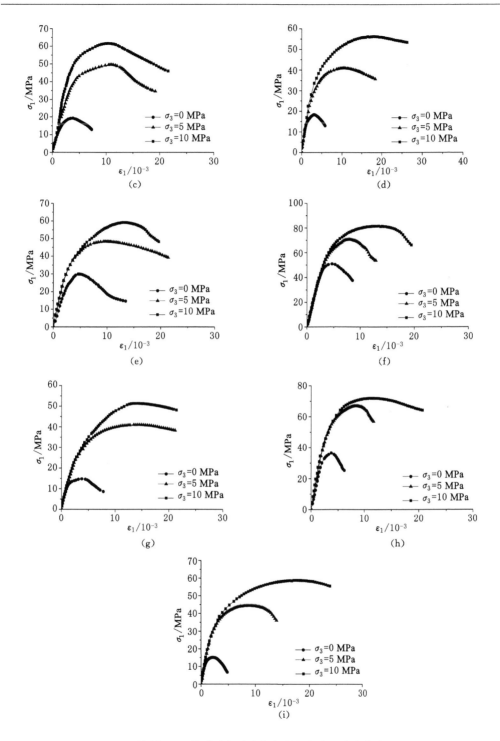

续图 3-7 微裂隙细砂岩相似材料应力—应变曲线

（c）第 3 组微裂隙中砂岩相似材料 LX-3；（d）第 4 组微裂隙中砂岩相似材料 LX-4；

（e）第 5 组微裂隙中砂岩相似材料 LX-5；（f）第 6 组微裂隙中砂岩相似材料 LX-6；

（g）第 7 组微裂隙中砂岩相似材料 LX-7；（h）第 8 组微裂隙中砂岩相似材料 LX-8；

（i）第 9 组微裂隙中砂岩相似材料 LX-9

料 LC-1 组相比,微裂隙细砂岩相似材料试样的 LX-1 组极限抗压强度有一定程度增长,产生该现象的主要原因是:微裂隙细砂岩相似材料孔隙内径和孔隙率对极限抗压强度的贡献比微裂隙细砂岩相似材料颗粒自身的抗压能力更为显著。

表 3-7　　　　　　　　　　微裂隙细砂岩相似材料力学性质参数

试件编号	单轴压缩		围压 5 MPa		围压 10 MPa		容重 /(kN/m)^3	弹性模量 /GPa
	σ峰值/MPa	ε峰值/10^{-3}	σ峰值/MPa	ε峰值/10^{-3}	σ峰值/MPa	ε峰值/10^{-3}		
LX-1	60.93	4.4	85.21	6.7	93.89	6.7	20.68	17.87
LX-2	18.88	2.9	51.93	10.7	67.30	2.1	20.99	10.25
LX-3	19.31	3.8	49.52	10.4	61.60	10.4	21.57	11.22
LX-4	18.36	3.1	40.85	10.3	56.17	17.9	19.46	11.11
LX-5	29.94	4.6	48.33	9.6	59.18	12.9	21.38	11.73
LX-6	50.94	4.7	70.84	7.9	81.56	13.5	23.64	18.22
LX-7	14.80	3.8	41.00	13.5	51.32	13.7	19.00	10.62
LX-8	36.50	3.7	66.94	8.7	72.00	10.9	22.53	18.17
LX-9	15.11	2.2	43.98	10.3	58.82	17.5	22.82	14.87

综上所述,微裂隙砂岩相似材料在单轴压缩、三轴压缩过程中的应力—应变曲线较为接近,同样存在压密、弹性、屈服和破坏四个阶段,其具体特征已在第 2 章进行了详细讨论。微裂隙砂岩相似材料试件经历单轴、三轴压缩试验后的破坏形态如图 3-8 所示。单轴和三轴压缩破坏形态主要分别为柱状劈裂破坏和斜面剪切破坏。对于柱状劈裂破坏,微裂隙砂岩相似材料试件由于受到轴向压力,横向发生自由扩张,产生的张拉应力使得微裂隙砂岩相似材料试件出现平行于轴线的垂直裂缝;对于斜面剪切破坏,微裂隙砂岩相似材料试件上存在与轴向加载方向成一定夹角的剪切破裂面。

(a)　　　　　　　　　　　　　　　　　　　　(b)

图 3-8　微裂隙砂岩相似材料试件压缩破坏形态
(a)柱状劈裂破坏;(b)斜面剪切破坏

3.3.3　微裂隙砂岩相似材料水理特性

微裂隙砂岩相似材料与深井砂岩对水理特性的研究方法保持一致,均采用自由浸水法对吸水率进行测定,获得的微裂隙砂岩相似材料吸水特征曲线如图 3-9 所示。

由图 3-9 可以看出,3 种微裂隙砂岩相似材料的吸水率随时间变化的总体趋势较为接

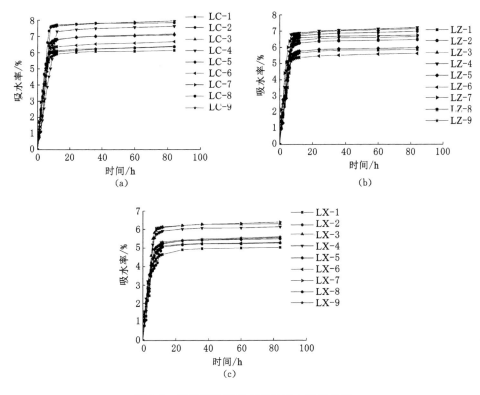

图 3-9　微裂隙砂岩相似材料吸水特征曲线

（a）微裂隙粗砂岩相似材料吸水特征曲线；（b）微裂隙中砂岩相似材料吸水特征曲线；

（c）微裂隙细砂岩相似材料吸水特征曲线

近,整体来看,微裂隙粗砂岩相似材料吸水率最高,微裂隙中砂岩相似材料次之,微裂隙细砂岩相似材料最小。其中微裂隙粗砂岩相似材料 LC-7 组吸水率最高为 7.96%,LC-1 组吸水率最低为 6.14%;微裂隙中砂岩相似材料 LZ-4 组吸水率最高为 7.22%,LZ-6 组吸水率最低为 5.62%;微裂隙细砂岩相似材料 LX-7 组吸水率最高为 6.40%,LX-1 组吸水率最低为5.03%。与图 2-9 中砂岩吸水曲线相比,3 种微裂隙砂岩相似材料吸水率均略大于对应的砂岩,这是由于微裂隙砂岩相似材料试件中的水泥和石膏均属于亲水材料,微裂隙砂岩相似材料吸收的水分一部分填充了试件中的空隙,另外一部分会被水泥和石膏吸收,故微裂隙砂岩相似材料试件吸水率高于砂岩。

3.3.4　3 种微裂隙砂岩相似材料配比方案的选择

基于上述正交试验结果,将微裂隙砂岩相似材料与砂岩物理力学性质结果进行对比后发现,LC-8、LZ-8、LX-8 这 3 组微裂隙砂岩相似材料分别与粗砂岩、中砂岩、细砂岩的各项指标最为接近。粗砂岩、中砂岩、细砂岩单轴抗压强度分别为 39.53 MPa、37.07 MPa、39.62 MPa,LC-8、LZ-8、LX-8 单轴抗压强度分别为 37.70 MPa、35.27 MPa、36.50 MPa,其差异性较小。另外,三轴抗压强度、容重、弹性模量、吸水率等参数的差值均控制在较小范围内,并且微裂隙砂岩相似材料与砂岩的颗粒级配保持一致。因此,最终确定第 8 组配比为最佳方案,即骨料占固体物质比例为 70%,骨料成分之比为 2∶1,胶结物成分之比为 1∶0,掺水率为 25%。微裂隙砂岩相似材料的确定为后续微裂隙三维粗糙度系数表征方法的构建、渗流试块的制备以及微裂隙渗流机理试验的开展起到了重要的铺垫作用。

3.4 微裂隙砂岩相似材料损伤本构模型研究

基于微裂隙砂岩相似材料三轴压缩试验数据,从考虑岩石损伤阀值影响的角度出发,引入损伤阀值参数和统计损伤理论,下文将对砂岩应变软化损伤统计本构模型展开详细讨论。通过对试验数据的径向应变和轴向应变进行分析,发现微裂隙砂岩相似材料试件泊松比 μ 的变化规律,在峰值应变前,泊松比 μ 随轴向应变 ε_1 近似呈线性变化;在峰值应变后,泊松比 μ 随轴向应变 ε_1 的增加呈缓慢增加趋势,进一步分析发现,其符合 ln 函数变化规律。因此假设泊松比 μ 与轴向应变 ε_1 的关系如式(3-13)所示。

$$\mu = \begin{cases} A\varepsilon_1 & (\varepsilon_1 \leqslant \varepsilon_{pk}) \\ Bln\varepsilon_1 + C & (\varepsilon_1 > \varepsilon_{pk}) \end{cases} \qquad (3\text{-}13)$$

式中,A 由峰值轴向应变 ε_{pk} 和峰值泊松比 μ 决定;B、C 需两组数据确定,第一组数据取自初始加载附近,假定 $\varepsilon_1 = 0.0001$ 时,$\mu = 0.0001$,第二组数据取自峰值处,具体数值及计算的 A、B、C 值如表 3-8 所示。

表 3-8 微裂隙砂岩相似材料常规三轴压缩的力学参数

编号	围压/MPa	初始		峰值		A	B	C
		ε_1	μ	ε_1	μ			
粗砂岩相似材料	0	0.0001	0.0001	0.0036	0.2379	67.9429	0.0664	0.6113
	5	0.0001	0.0001	0.0076	0.3039	40.5067	0.0701	0.6462
	10	0.0001	0.0001	0.0134	0.3542	26.6241	0.0723	0.6660
中砂岩相似材料	0	0.0001	0.0001	0.0062	0.2645	43.3443	0.0641	0.5901
	5	0.0001	0.0001	0.0143	0.3210	22.5986	0.0647	0.5956
	10	0.0001	0.0001	0.0204	0.3590	17.6798	0.0675	0.6217
细砂岩相似材料	0	0.0001	0.0001	0.0037	0.3240	89.9722	0.0897	0.8263
	5	0.0001	0.0001	0.0087	0.3510	40.8023	0.0786	0.7238
	10	0.0001	0.0001	0.0109	0.3782	35.0093	0.0806	0.7424

根据式(3-13)计算的泊松比 μ 获得理论条件下轴向应变—径向应变曲线图,将其与试验条件下获得的数据相对比,如图 3-10 所示。例如,Exp-0 是指微裂隙砂岩相似材料试件通过试验在围压为 0 MPa 的条件下获得的数据,Fit-0 指微裂隙砂岩相似材料试件通过参数拟合在围压为 0 MPa 的条件下获得的数据。由图 3-10 可以看出,理论拟合泊松比与试验数据在初期变形阶段吻合度较高,在后期变形阶段理论存在一定误差,但均控制在合理范围之内,整体上来看拟合泊松比的结果可以较好地反映试验数据。

3.4.1 损伤因子的变化规律

微裂隙砂岩相似材料试件受压变形全过程大致可分弹性阶段(OA 段)、塑性变形阶段(AB 段)、破坏阶段(BC 段),如图 3-11 所示。在弹性阶段,微裂隙砂岩相似材料试件应力—应变曲线呈线性关系,弹性模量为常数,即微裂隙砂岩相似材料在该变形阶段不会产生损伤。

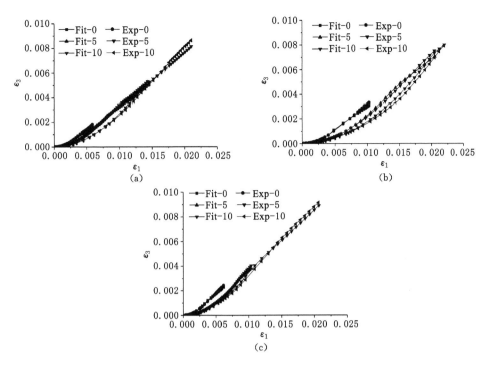

图 3-10 微裂隙砂岩相似材料轴向应变—径向应变曲线

(a) 微裂隙粗砂岩相似材料；(b) 微裂隙中砂岩相似材料；

(c) 微裂隙细砂岩相似材料

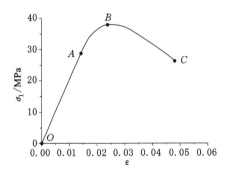

图 3-11 微裂隙砂岩相似材料压缩变形全过程

上述岩石变形过程实际表现为在荷载作用下的岩石连续损伤过程，一般采用基于 Lemaitre 应变等价性假设的损伤模型描述，即

$$\sigma_i = \sigma'_i(1 - D) \tag{3-14}$$

式中　σ_i, σ'_i——岩石中未损伤部分材料的宏观名义应力及微观应力；

　　　D——损伤因子。

由于 σ'_i 为岩石中未损伤部分材料的微观应力，因此，可假设其变形服从线弹性胡克定律，即

$$\sigma'_i = E\varepsilon'_i + \mu'(\sigma'_j + \sigma'_k) \tag{3-15}$$

式中　$i,j,k = 1,2,3$；

　　　ε'_i——岩石中未损伤部分材料的微观应变；

　　　μ'——岩石中未损伤部分材料泊松比。

根据岩石中损伤与未损伤部分材料变形协调条件可得：

$$\varepsilon'_i = \varepsilon_i \qquad (3\text{-}16)$$

式中　ε_i——岩石宏观应变。

由材料泊松比的物理含义可得岩石与岩石中未损伤部分材料的泊松比 μ 与 μ' 分别为：

$$\mu = |\varepsilon_3/\varepsilon_1| \qquad (3\text{-}17)$$

$$\mu' = |\varepsilon'_3/\varepsilon'_1| \qquad (3\text{-}18)$$

于是，利用式(3-16)至式(3-18)可得：

$$\mu = \mu' \qquad (3\text{-}19)$$

将式(3-19)代入式(3-15)，并结合式(3-14)和式(3-16)可得：

$$\sigma_i = E\varepsilon_i(1-D) + \mu(\sigma_j + \sigma_k) \qquad (3\text{-}20)$$

式(3-20)即为描述岩石应变软化变形过程的损伤模型。

为了建立更为符合实际的岩石损伤演化模型，有必要结合试验曲线探讨岩石损伤变量的变化规律，以了解岩石损伤变量或损伤因子的取值情况。为此，先将式(3-20)进行变换可得：

$$D = [E\varepsilon_1 - \sigma_1 - \mu(\sigma_2 + \sigma_3)]/(E\varepsilon_1) \qquad (3\text{-}21)$$

采用室内试验得到的微裂隙砂岩相似材料应力—应变曲线中各测点 σ_1、ε_1 值，利用式(3-21)计算得到 D—ε_1 曲线，如图 3-12 所示。例如，LC-0 表示微裂隙粗砂岩相似材料在围压为 0 MPa 的条件下获得的数据。

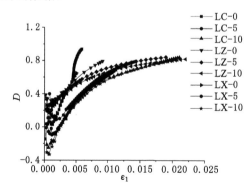

图 3-12　微裂隙砂岩相似材料损伤因子与轴向应变关系曲线

由图 3-12 可以看出，当轴向变形较小时(对本章实例来说，ε_1 约小于 0.002 5)，损伤因子一般在 $-0.4 \sim 0.4$ 之间，显然与损伤因子的合理区间($0 \leqslant D \leqslant 1$)的取值范围有悖，存在不合理性，微裂隙砂岩相似材料试件在线弹性阶段不可能产生损伤，此时微裂隙砂岩相似材料试件的损伤因子 D 应该恒等于 0，说明微裂隙砂岩相似材料试件损伤存在阀值的影响问题。当损伤阀值变形较大时(对本章实例来说，ε_1 约大于 0.002 5)，损失变量或损伤因子取值始终在区间 $[0,1]$ 之内，这是合理的。

由此可见，微裂隙砂岩相似材料试件存在阀值问题，建立微裂隙砂岩相似材料试件损伤本构模型时，必须反映上述微裂隙砂岩相似材料试件的损伤机制与特征。

3.4.2 微裂隙砂岩相似材料损伤本构模型的建立及参数确定方法

在单轴或三轴压缩的微裂隙砂岩相似材料试件的任一截面中取一微元，假设微元尺寸大到足以包含许多微观裂纹与微观空洞，但也充分小，小到可以视为连续损伤力学的一个质点来考虑，即假设微裂隙砂岩相似材料是连续分布的，故假设：① 微元符合广义胡克定律；② 微元破坏符合 von Mises 屈服准则；③ 微元的强度服从统计规律，且服从 Weibull 分布。

$$\Phi(\varepsilon) = \frac{m}{a}\left(\frac{\varepsilon}{a}\right)^{m-1} \exp\left[-\left(\frac{\varepsilon}{a}\right)^m\right] \tag{3-22}$$

式中　ε——应变；

　　m,a——形状参数、尺度参数，均为非负数。

在此基础上，引入损伤阀值参数 k，则：

$$\Phi(\varepsilon) = \frac{m}{a}\left(\frac{\varepsilon-k}{a}\right)^{m-1} \exp\left[-\left(\frac{\varepsilon-k}{a}\right)^m\right] \tag{3-23}$$

损伤参量 D 与微元破坏的概率密度之间存在如下关系：

$$\frac{\mathrm{d}D}{\mathrm{d}\varepsilon} = \Phi(\varepsilon) \tag{3-24}$$

则：

$$\begin{cases} D = \int_0^k \Phi(x)\mathrm{d}x = 0 & (\varepsilon < k) \\ D = \int_k^\varepsilon \Phi(x)\mathrm{d}x = 1 - \exp\left[-\left(\frac{\varepsilon-k}{a}\right)^m\right] & (\varepsilon \geqslant k) \end{cases} \tag{3-25}$$

这样损伤变量就更符合图 3-11 所示的微裂隙砂岩相似材料受压变形全过程的 3 阶段特性。将式(3-25)代入式(3-20)，有：

$$\sigma = \begin{cases} E\varepsilon + \mu(\sigma_2 + \sigma_3) & (\varepsilon < k) \\ E\varepsilon \exp\left[-\left(\frac{\varepsilon-k}{a}\right)^m\right] + \mu(\sigma_2 + \sigma_3) & (\varepsilon \geqslant k) \end{cases} \tag{3-26}$$

由全应力—应变曲线决定以下几何边界条件：① $\varepsilon=0$，$\sigma=0$；② $\varepsilon=0$，$\frac{\mathrm{d}\sigma}{\mathrm{d}\varepsilon}=E$；③ $\sigma=\sigma_{pk}$，$\varepsilon=\varepsilon_{pk}$；④ $\sigma=\sigma_{pk}$，$\frac{\mathrm{d}\sigma}{\mathrm{d}\varepsilon}=0$，如图 3-13 所示。

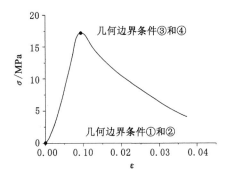

图 3-13　全应力—应变曲线的几何边界条件

对式(3-26)中第 2 式的应变求导,则有:

$$\frac{\mathrm{d}\sigma}{\mathrm{d}\varepsilon} = E\exp\left[-\left(\frac{\varepsilon-k}{a}\right)^{m}\right]\left[1-\frac{m\varepsilon}{\varepsilon-k}\left(\frac{\varepsilon-k}{a}\right)^{m}\right] \tag{3-27}$$

边界①、② 条件自然满足,将条件③ 代入式(3-26)中第 2 式并且将条件④ 代入式(3-27),可得:

$$\begin{cases} \sigma_{pk} = E\varepsilon_{pk}\exp\left[-\left(\frac{\varepsilon_{pk}-k}{a}\right)^{m}\right]+\mu(\sigma_2+\sigma_3) \\ E\exp\left[-\left(\frac{\varepsilon_{pk}-k}{a}\right)^{m}\right]\left[1-\frac{m\varepsilon_{pk}}{\varepsilon_{pk}-k}\left(\frac{\varepsilon_{pk}-k}{a}\right)^{m}\right] = 0 \end{cases} \tag{3-28}$$

式中　$\varepsilon_{pk}, \sigma_{pk}$——单轴或三轴载荷作用下的峰值应变和峰值应力。

由式(3-28)中第 2 式中 $E\neq0$,且 $\exp\left[-\left(\frac{\varepsilon_{pk}-k}{a}\right)^{m}\right]\neq0$,可以得到:

$$1-\frac{m\varepsilon_{pk}}{\varepsilon_{pk}-k}\left(\frac{\varepsilon_{pk}-k}{a}\right)^{m} = 0 \tag{3-29}$$

进一步简化可得:

$$\left(\frac{\varepsilon_{pk}-k}{a}\right)^{m} = \frac{\varepsilon_{pk}-k}{m\varepsilon_{pk}} \tag{3-30}$$

将式(3-30)代入式(3-28)中第 1 式可得:

$$\exp\left(-\frac{\varepsilon_{pk}-k}{m\varepsilon_{pk}}\right) = \frac{\sigma_{pk}-\mu(\sigma_2+\sigma_3)}{E\varepsilon_{pk}} \tag{3-31}$$

简化得:

$$m = \frac{\varepsilon_{pk}-k}{\varepsilon_{pk}}\frac{1}{\ln\dfrac{E\varepsilon_{pk}}{\sigma_{pk}-\mu(\sigma_2+\sigma_3)}} \tag{3-32}$$

再由式(3-29)得:

$$a = \frac{\varepsilon_{pk}-k}{\left(\dfrac{\varepsilon_{pk}-k}{m\varepsilon_{pk}}\right)^{\frac{1}{m}}} \tag{3-33}$$

当 k 取定时,式(3-26)的未知模型参数全部求得,则考虑损伤阀值的微裂隙砂岩相似材料损伤本构模型就求得,式中 E、ε_{pk}、σ_{pk}、a 和 m 均由试验结果确定。

3.4.3　分析讨论

将试验数据代入式(3-32)、式(3-33)确定参数 m 和 a,并代入式(3-25),得到损伤变量或损伤因子参数值。这里损伤阀值参数先取为 $k=0.1\varepsilon_{pk}$,得到图 3-14。对比图 3-14 与图 3-12可得,经过考虑损伤阀值的影响建立的损伤本构模型,损伤变量更能反映微裂隙砂岩相似材料试件受压变形的 3 个阶段。

由上可知,本构模型两个参数 m 和 a 由表达式确定,并且有明确的物理意义,而损伤阀值参数 k 由不同材料的自身性质决定,故本章讨论损伤阀值参数 k 的取值对本构模型的影响,并确定微裂隙砂岩相似材料试件在不同围压条件下损伤阀值参数 k 的变化规律,使本构模型更加完善。以微裂隙粗砂岩相似材料试件在围压 5 MPa 的情况为例,利用本章模型所建立的微裂隙砂岩相似材料损伤统计本构模型,设置不同的损伤阀值参数 k,分别得到应力—应变曲线的理论曲线,并与试验曲线进行比较,如图 3-15 所示。

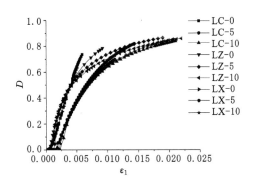 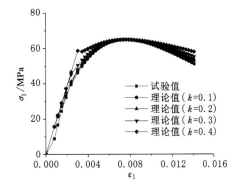

图 3-14　理论损伤因子 D 与　　　图 3-15　不同损伤阀值下微裂隙粗砂岩相似材料
轴向应变 ε_1 关系曲线　　　　　　试验与理论应力—应变曲线比较

由图 3-15 可以看出,当损伤阀值 k 值取 $0.2\varepsilon_{pk}$ 时,比损伤阀值 k 值取 $0.1\varepsilon_{pk}$、$0.3\varepsilon_{pk}$ 或 $0.4\varepsilon_{pk}$ 时能更好地反映试验曲线,由此可找到微裂隙砂岩相似材料试件在不同围压条件的最佳损伤阀值 k',最终获得微裂隙砂岩相似材料试件本构模型如式(3-34)所示。

$$\sigma = \begin{cases} E\varepsilon + \mu(\sigma_2 + \sigma_3) & (\varepsilon < k') \\ E\varepsilon \exp\left[-\left(\dfrac{\varepsilon - k'}{a}\right)^m\right] + \mu(\sigma_2 + \sigma_3) & (\varepsilon \geqslant k') \end{cases} \tag{3-34}$$

利用本章模型得到应力—应变关系的理论曲线与试验曲线进行比较,如图 3-16 所示。由图可以看出,本章模型能够很好地反映岩石在较小变形时的线弹性特征及岩石峰后非线性力学行为,通过本章模型获得的微裂隙砂岩相似材料应变软化变形全过程与试验曲线吻合良好。因此,本章模型具有较好的合理性,符合实际情况。

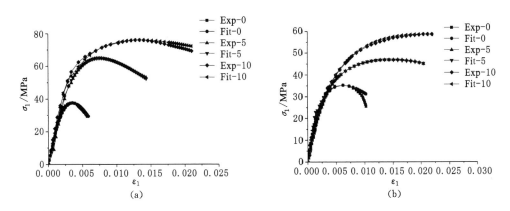

图 3-16　微裂隙砂岩相似材料试验与理论应力—应变曲线比较
(a) 微裂隙粗砂岩相似材料;(b) 微裂隙中砂岩相似材料

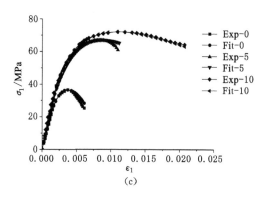

续图 3-16 微裂隙砂岩相似材料试验与理论应力—应变曲线比较

（c）微裂隙细砂岩相似材料

3.5 微裂隙砂岩相似模型的制备

根据微裂隙砂岩相似材料组成成分及最佳配比，制备微裂隙砂岩相似模型岩样。分别对粗、中、细砂岩相似模型设置 3 种粗糙度（$JRC=0\sim2$、$JRC=4\sim6$ 和 $JRC=10\sim12$ 的 Barton 曲线）。相似模型岩样由一对可以完成吻合裂隙面构成，其尺寸可根据试验需求进行调整。其制备过程可以主要包括下面几个步骤：

（1）根据微裂隙砂岩相似材料组成成分及配比方案分别对砂、水泥、铁精粉和水进行称量。

（2）将称量好的试验材料（除水外）依次倒入搅拌机进行搅拌，搅拌时间大约 1 min，待固体物质搅拌均匀后加入水，搅拌 5 min。

（3）将充分搅拌均匀的混合物倒入微裂隙面岩样模具，模具如图 3-17 所示，然后放在振动台上进行振捣、压实、刮平，24 h 后拆模，在温度为 20±2 ℃、相对湿度为 95％的实验室条件下养护，部分成型试块如图 3-18 所示。

根据上述方法开展微裂隙砂岩相似模型制备试验，为后续在三轴应力状态下渗流试验的开展提供材料基础。

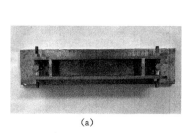

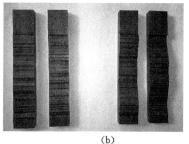

（a）　　　　　　　　　　　　　　　　　　（b）

图 3-17 微裂隙试块模具

（a）微裂隙相似模型岩样浇筑模具；（b）标准 JRC 轮廓线模版

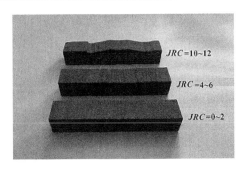

图 3-18　微裂隙砂岩相似模型岩样

3.6　本章小结

结合国内外微裂隙砂岩相似材料研究成果,以深井粗、中、细 3 种砂岩物理力学性质为基础,提出了微裂隙砂岩相似材料的组成成分,并采用正交试验方法设计不同材料的配合比。对微裂隙砂岩相似材料开展三轴压缩试验和吸水率测试试验,获得微裂隙砂岩相似材料最佳配比,建立了微裂隙砂岩相似材料损伤本构模型,最终制备了微裂隙砂岩相似模型。主要研究结论如下:

(1) 总结了相似材料的基本理论、推导方法及推导过程;通过正交试验方法设计了骨料占固体物质的比例(A)、骨料成分之比(B)、胶结物成分之比(C)及掺水率(D)4 种影响因素,每种影响因素建立 3 个水平制备了 243 块微裂隙砂岩相似材料试样。

(2) 通过三轴压缩试验获取了不同配比微裂隙砂岩相似材料的应力—应变曲线及力学参数,并分析了其破坏特征,主要包括:柱状劈裂破坏和斜面剪切破坏。采用自由浸水法对微裂隙砂岩相似材料开展了吸水率试验,结果表明,微裂隙粗砂岩相似材料吸水率最大,微裂隙细砂岩相似材料最小。由于试件制作过程中的密实程度相对较低且相似材料中存在亲水材料,导致微裂隙砂岩相似材料试件的吸水率均略高于对应砂岩的吸水率。

(3) 通过将微裂隙砂岩相似材料三轴压缩试验、吸水率试验的结果与深井砂岩的物理力学性质进行对比分析,确定了类粗、中、细 3 种砂岩的最佳配比,3 种微裂隙砂岩相似材料最佳配比是一致的,即骨料占固体物质比例(A)为 70%,骨料成分之比(B)为 2∶1,胶结物成分之比(C)为 1∶0,掺水率(D)为 25%,3 种相似材料的差异性在于采用石英砂的颗粒级配不同,最后完成了微裂隙砂岩相似模型的制备。

(4) 基于微裂隙砂岩相似材料三轴压缩试验数据,从考虑岩石损伤阈值影响的角度出发,引入损伤阈值参数和统计损伤理论,建立了砂岩应变软化损伤统计本构模型,与试验数据进行比较,可以看出该模型可以很好地反映三轴压缩状态下微裂隙砂岩相似材料的应力—应变关系。

4 微裂隙粗糙度参数特性及三维粗糙度表征方法

粗糙程度作为描述岩体结构面几何形态的一个重要参数,直接影响岩体的物理、力学和水力学等性质。由于天然裂隙表面的随机性与复杂性,给粗糙程度的测量方式与理论构建带来了极大的挑战。因此,建立一种能够快速、准确的评价岩体结构面粗糙程度的方法,这对开展砂岩裂隙渗流规律研究和确定深井井筒注浆堵水方案具有重要的理论意义和实践价值。

岩体结构面粗糙程度可由粗糙度系数 JRC 进行表示,此概念由 Barton 与 Choubey 首先提出,并用来描述结构面的几何形态对渗流规律和抗剪强度的影响。如何对岩体结构面的表面形态进行有效测量,并采用一个特定的参数指标将测量结果呈现出来,国内外学者基于上述问题对岩体结构面表面形态的数据采集与评价方法开展了大量研究工作。随着数字测量技术的不断进步,对粗糙度的认识程度与评价方法也在不断发展,现在研究对粗糙度的热点已经由最初的二维剖面、欧式空间发展到三维立体、分维空间阶段。

基于二维剖面评价方法对粗糙度进行分析,主要方法是在结构面选择一条剖面线来代表整个岩体结构面粗糙程度。该方法的实现需要对渗流或剪切方向进行定义,可以在一定程度上体现粗糙度的各向异性特征。但二维剖面评价方法是基于节理轮廓线提出的二维或准三维参数,无法全面体现结构面的三维粗糙特性,因此该方法还有待进一步完善。三维评价方法中,自从 Mandelbrot 创立分形几何以来,分形理论在描述节理粗糙度方面得到了广泛应用。二维分形理论主要的缺点在于无法反映轮廓截面外的粗糙特性,而三维分形理论在充分考虑节理面的三维几何形貌的基础上,可以对岩体结构面的粗糙程度实现很好描述,但基于分形理论对一个固定的岩体结构面进行分析,无论选择哪个方向作为基准方向,获得的结果均为一个分形维数 D 值。因此分形理论无法全面反映结构面粗糙度的各向异性,而在普遍情况下天然结构面粗糙度的各向异性特征是十分显著的。也有一部分学者通过对起伏角、起伏高度、剪切抵抗角、节理起伏分布及相对起伏度等结构面形貌参数建立与粗糙度相关的评价指标,对结构面形貌参数的分析过程需要在空间解析几何理论基础上进行复杂运算,很难实现大面积的推广应用。

在全面分析已有成果优缺点的基础上,岩石结构面粗糙度表征方法应具备的显著特征为:基于非接触式测量技术获取的结构面三维坐标数据,能够全面地提取结构面的三维几何形貌等信息,将渗流或剪切方向对粗糙特性的影响纳入分析过程,能够反映结构面粗糙度的各向异性、尺寸效应及间距效应等特性,并且能够精确、高效地进行评价,能够满足工程设计与施工要求,操作简单,便于在工程实践中进行推广。

4.1 微裂隙表面三维几何特征描述

煤矿深井井筒穿过的岩层,大部分为富含水且裂隙发育的沉积砂岩,砂岩涌水流量较大,有一定规模含导水构造且分布范围较广。因此,有效描述深井砂岩表面三维粗糙特性,是开展砂岩裂隙渗流规律研究和确定深井井筒注浆堵水方案的重要基础。

根据第 3 章微裂隙砂岩相似模型的制备方法,制备了粗砂岩、中砂岩、细砂岩 3 种相似模型试块,在温度 20 ℃,相对湿度 95% 条件下,养护 28 d。微裂隙砂岩相似模型试块表面的起伏状态根据 Barton 提出的标准剖面线($JRC=4\sim6$)确定,按该方案制作的微裂隙砂岩相似模型可很好地表现砂岩密实程度及颗粒组成特征,进而为研究砂岩的粗糙度特征提供了材料支撑。微裂隙砂岩相似模型试块及 3D 模型如图 4-1 至图 4-3 所示,为更好地描述微裂隙砂岩相似模型节理表面的微观形貌特征,分别对不同类型微裂隙砂岩相似模型的表面进行局部放大 20 倍。

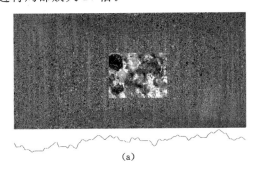
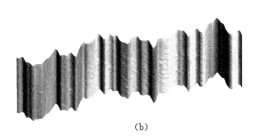

(a)　　　　　　　　　　　　　　　　(b)

图 4-1　微裂隙粗砂岩相似模型及 3D 模型图

(a) 微裂隙粗砂岩相似模型及局部放大图;(b) 微裂隙粗砂岩相似模型 3D 模型图

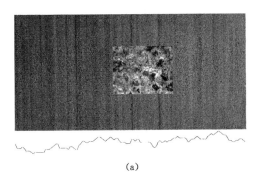
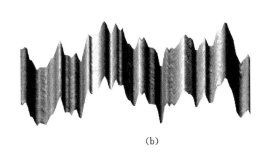

(a)　　　　　　　　　　　　　　　　(b)

图 4-2　微裂隙中砂岩相似模型及 3D 模型图

(a) 微裂隙中砂岩相似模型及局部放大图;(b) 微裂隙中砂岩相似模型 3D 模型图

由图 4-1 至图 4-3 不难发现,微裂隙粗砂岩相似模型、微裂隙中砂岩相似模型、微裂隙细砂岩相似模型裂隙表面从宏观来看起伏形态较为一致,但也存在不同之处。微裂隙中砂岩相似模型上下起伏最为明显,微裂隙粗砂岩相似模型次之,微裂隙细砂岩相似模型相对不明显,这主要是由于制作过程中的误差所致,也与裂隙表面的砂子粒径有关。从裂隙微观形

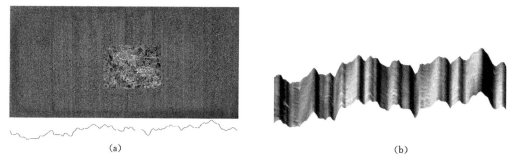

（a）   （b）

图 4-3　微裂隙细砂岩相似模型及 3D 模型图

（a）微裂隙细砂岩相似模型及局部放大图；（b）微裂隙细砂岩相似模型 3D 模型图

貌特征角度分析，三者具有显著差异，微裂隙粗砂岩相似模型砂砾直径较大且具有离散性，微裂隙中砂岩相似模型、微裂隙细砂岩相似模型砂砾分布相对粗砂岩较为均匀。考虑到粗糙度分析的间距效应，若分析数据的最小间距接近砂砾直径，甚至比砂砾直径小，则不同类型的砂岩裂隙粗糙度会有较大不同；而且由于砂砾表面存在各向异性，使得在宏观表面起伏一致的裂隙表面也会因为砂砾的不同形态演化出不同形式的粗糙度。

  为进一步定量分析微裂隙粗砂岩相似模型、微裂隙中砂岩相似模型、微裂隙细砂岩相似模型裂隙的三维几何特征，通过三维激光扫描仪获取裂隙表面的三维坐标数据，通过 Python 语言及三维图像处理软件对数据进行整理、分析及校对，最终生成微裂隙砂岩相似模型等值线图，如图 4-4 所示。由图 4-4 分析可知，微裂隙中砂岩相似模型较微裂隙粗砂岩相似模型、微裂隙细砂岩相似模型起伏集中区域数量更多、范围更广，这与上文关于微裂隙中砂岩相似模型裂隙面上下起伏最为明显的结论相统一。但是通过对等值线数据深入研究，不难看出虽然微裂隙细砂岩相似模型起伏集中区域最少，微裂隙粗砂岩相似模型次之，但微裂隙细砂岩相似模型等值线数值的最小极限为 -4.5 mm，在三者中向下走势最显著，

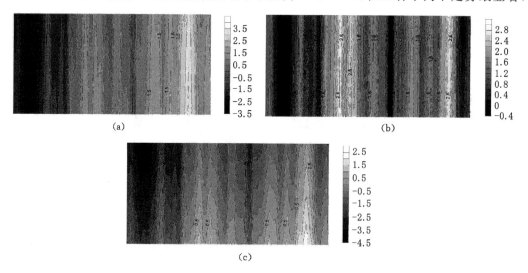

（a）   （b）

（c）

图 4-4　微裂隙砂岩相似模型等值线图

（a）微裂隙粗砂岩相似模型等值线图；（b）微裂隙中砂岩相似模型等值线图；

（c）微裂隙细砂岩相似模型等值线图

微裂隙粗砂岩相似模型等值线最小值为－3.5 mm,中砂岩最不明显。三者表面高度最大落差:微裂隙粗砂岩相似模型为 7 mm,微裂隙中砂岩相似模型为 3.2 mm,微裂隙细砂岩相似模型为 7 mm。上文的分析体现了裂隙表面的各向异性特征,因此对裂隙表面粗糙度进行系统性研究是十分必要的。

　　为了从渗流角度、三维角度及微观角度对裂隙粗糙度进行分析,基于裂隙表面的三维坐标数据生成微裂隙面三维几何模型及渗流路径,以微裂隙粗砂岩相似模型为例,如图 4-5 所示,其扫描精度为 0.4 mm。

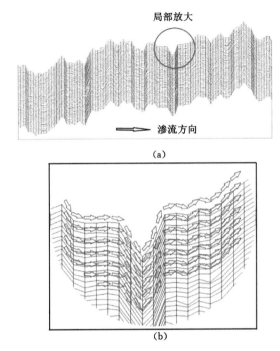

图 4-5　砂岩微裂隙面三维几何模型及渗流路径
(a) 砂岩微裂隙面三维几何模型示意图;(b) 砂岩微裂隙面渗流路径示意图

　　由图 4-5 分析可知,微裂隙面三维几何模型表面被离散为许多微小平面,与从宏观角度不同,由于扫描精度和砂砾直径处于同一数量级,模型表面微小平面形态存在一定差异。图 4-5 中箭头表示渗流方向,进一步局部放大观察微裂隙面渗流路径示意图显示:面向渗流方向的微小平面对渗流过程产生了明显的阻碍作用(红色箭头标志);而背向渗流方向的微小平面并未阻碍渗流过程的进行(蓝色箭头标志)。从微观角度进行分析,微裂隙面渗流路径示意图左侧部分裂隙表面呈整体下降趋势,右侧部分呈整体上升趋势,下降部分仍有小部分平面存在上升趋势,进而对渗流产生阻碍作用;而上升部分中小部分平面存在下降趋势,该部分的存在弱化了上升部分对渗流的阻碍。当砂砾直径与裂隙开度相比砂砾可以忽略不计时,渗流通道较大,砂砾颗粒表面形态仅对其附近的流体流动规律产生影响,而对整体渗流规律影响作用不大;当砂砾直径与裂隙开度相近时,渗流通道较小,砂砾颗粒表面形态对所有区域流体流动规律均可能会产生影响,使得裂隙表面微小起伏的各向异性对渗流的作用显著提高。因此,对微裂隙三维粗糙度进行表征,对探究微裂隙渗流机理及研发相对应的注浆堵水技术具有十分重要的意义。

4.2 表征方法及参数设置

基于粗糙度对微裂隙渗流的影响作用,本书提出一种利用光源模拟技术、三维离散点云数据处理技术来表征粗糙度的新方法,其基本流程就是通过三维激光扫描技术获取裂隙表面三维数据坐标点,并依据三维图像处理软件生成三维模型;然后通过三维离散点云数据处理技术将在三维模型沿 X 方向或 Y 方向以最小带状网格的形式离散,并在每一条带状网格的渗流方向设置一光源;光源会在裂隙离散成带状网格的表面产生不同灰度的阴影,并将带有不同灰度的离散的带状网格进行灰度值及其对应的面积进行分类统计,并基于光源入射角度与灰度的关系,最终获得裂隙表面所有的起伏角度及其面积统计。以裂隙表面起伏角度及其面积统计为依据,对影响裂隙表面粗糙度的几何形貌参数进行深入剖析,进而来表征与微裂隙渗流行为紧密相关的粗糙度。

因此,本章详细介绍微裂隙三维粗糙度表征方法的详细实现过程及其相关参数设置问题。为排除尺寸效应产生的干扰,本节微裂隙中砂岩相似模型样本的尺寸是一致的,即长×宽×高=200 mm×100 mm×50 mm。本书在参考文献[21]研究方法的基础上对表征方法进行改进,试验具体操作步骤主要分为三维模型建立、模型离散、光源模拟、灰度—角度转换、灰度统计、数据分析等部分。

4.2.1 裂隙表面三维模型建立

本章采用加拿大 Creaform 公司生产的 REVscan 手持式三维激光扫描仪对微裂隙粗砂岩相似模型结构面进行扫描,扫描过程如图 4-6 所示。为保证扫描精度及扫描速度,以 0.4 mm 为采样精度,获取微裂隙粗砂岩相似模型表面三维点云数据后,进行二次处理,最终获得微裂隙三维模型图如图 4-7 所示。

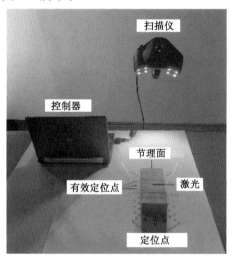

图 4-6 节理扫描过程

4.2.2 模型离散

N. Barton 和 V. Chouey(1977)在大量试验的基础上提出了采用 JRC 指标描述结构面

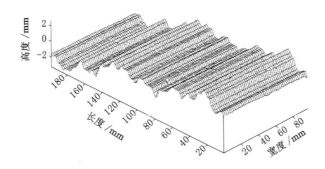

图 4-7　微裂隙三维模型图

的表面形态对抗剪强度大小的影响。由于岩体裂隙表面是粗糙不平的,其中凸起以及与渗流方向相对的部分,在阻挡裂隙表面的液体、气体的流动方面发挥较大作用。因此,可以通过平行光源照射的光亮部分面积表征抵挡液体渗流凸起的部分面积,进而来刻画裂隙表面的粗糙程度。

　　通过分析结构面表面的平行光线分布(图 4-8),不难发现,对平行光源设置一定的入射角 β 后,裂隙表面凹凸不平的形貌特征会对平行光源产生一定的遮挡,进而形成局部阴影,使得抵挡液体渗流凸起的部分面积(如 L2、L4)并没有被光源照射。此时将没有被光线照射到的阴影部分全部忽略,未被统计进入抵挡液体渗流的面积中去,而实际 L2、L4 部分对渗流过程起到了抵抗作用,则会导致对裂隙表面粗糙程度的表达结果不准确。为解决上述问题,本章提出对裂隙表面三维模型进行离散并获取其局部放大图,如图 4-9 所示。通过三维离散点云数据处理技术,将微裂隙三维模型沿 X 方向或 Y 方向以最小带状网格的形式离散,离散后针对每个离散区域进行平行光源照射并统计不同区域的灰度及面积,然后通过灰度与角度转换,将离散结果叠加得到裂隙表面整个区域的起伏角度及面积统计。

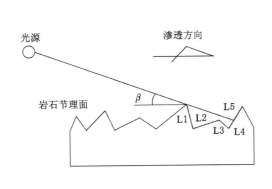

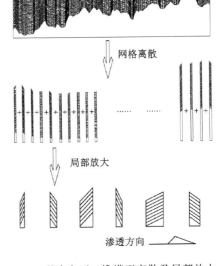

图 4-8　光源模拟示意图　　　　　　图 4-9　裂隙表面三维模型离散及局部放大图

4.2.3 光源模拟

利用光源模拟技术,可以在岩样三维模型表面模拟出相应的光亮,进而为岩样结构面粗糙度系数的分析提供依据。本研究采用 MATLAB 生成岩样表面的光亮和阴影,为更好地体现 JRC 在实际渗流过程中的特征,光源设置于岩石裂隙面渗流起始一端及逆向岩石裂隙面渗流起始一端,使得照射方向与其方向一致。为保证各个方向上光照强度的一致性,光源类型采用平行光。平行光与岩石渗流方向夹角设置为 0° 和 90°,如图 4-10 和图 4-11 所示。

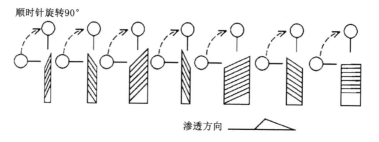

图 4-10　渗流起始端平行光照射图

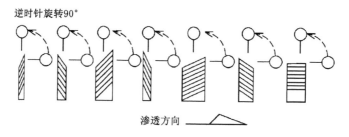

图 4-11　逆向渗流起始端平行光照射图

4.2.4 灰度—角度转换

通过光源模拟技术,获得不同入射角度光线在一水平面上光源模拟及生成的灰度图像如图 4-12 和图 4-13 所示。

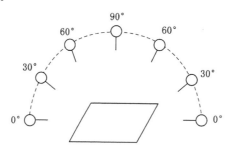

图 4-12　不同入射光线照射水平面模拟示意图

由图 4-12 和图 4-13 所示,在光源类型与照射距离等因素相同的条件下,水平面灰度值 f 受入射光线与水平面夹角 α 控制。相对于同一岩体的最小网格平面,夹角 $\alpha = 90°$ 时,水平面表面为白色,灰度值为最大值,等于 255;夹角 $\alpha = 0°$ 时,水平面为黑色,灰度值为最小值,

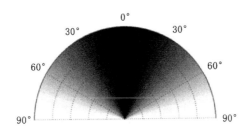

图 4-13 入射光在不同角度产生的光效应

等于 0。因此,确定入射光线角度后,采用 MATLAB 软件对不同灰度图像的灰度值分类统计,通过测试,获得模拟的水平面灰度值与入射光线角度的关系如图 4-14 所示。

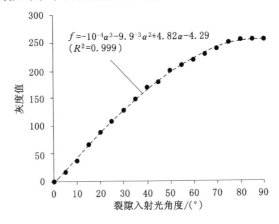

图 4-14 裂隙入射光角度与灰度值的关系

4.2.5 裂隙表面起伏角统计实现原理

基于上文分析,可采用 MATLAB 软件对裂隙灰度图像不同位置的灰度值及对应面积进行提取并可根据灰度值进行分类统计,对结果进行叠加,最终确定整个裂隙表面的灰度值及其对于面积的统计模型。结合图 4-10、图 4-11 分析可知,基于渗流方向可将裂隙带状网格分为三类:相对于渗流方向迎面的带状网格、相对于渗流方向背面的带状网格、与渗流方向平行的带状网格。当平行光源以 0°在渗流起始端对裂隙带状网格进行照射时,位于渗流方向迎面的带状网格均会被光线照射且呈现出不同灰度图像,而位于渗流方向背面的带状网格及平行于渗流方向的网格均不会被照射且呈现灰度值为 0 的黑色图像,并获取其面积为 $S_{正}$。类似地,当平行光源以 0°在逆向渗流起始端对裂隙带状网格进行照射时,位于渗流方向背面的带状网格均会被光线照射且呈现不同灰度图像,而位于渗流方向迎面的带状网格及平行于渗流方向的网格均不会被照射且呈现出灰度值为 0 的黑色图像,并获取其面积为 $S_{逆}$。此时可直接对渗流方向迎面的带状网格及对渗流方向背面的带状网格进行灰度统计,并将相同灰度值的网格面积进行叠加,获取整个带状网格迎面和背面的不同灰度值及其对应的面积。

为了对裂隙表面起伏特征进行完整统计,还需要获取与渗流方向平行的带状网格信息。

当平行光源以 90°在渗流起始端或逆向渗流起始端对裂隙带状网格进行照射时,裂隙表面所有带状网格的面积统计为 $S_全$。此时可对裂隙表面与渗流方向平行的带状网格面积为 $S_{平行}$ 进行统计,即

$$S_{平行} = S_正 + S_逆 - S_全 \tag{4-1}$$

由上式可知,由于 $S_正$ 是对位于渗流方向背面的带状网格及平行于渗流方向的网格的面积进行统计,而 $S_逆$ 是位于渗流方向迎面的带状网格及平行于渗流方向的网格的面积进行统计,在 $S_正$ 与 $S_逆$ 叠加的过程中对 $S_{平行}$ 进行了 2 次统计,减去裂隙表面所有带状网格的面积 $S_全$,即获取与渗流方向平行的带状网格面积 $S_{平行}$。

4.2.6　裂隙面起伏角概率分布统计模型的构建

对图 4-10 进行分析,在渗流起始端进行平行光照射,平行光与渗流方向夹角设置为 0°时,平行光照射的区域为迎向岩石渗流区域的起伏角,该部分起伏角度大于 0°小于等于 90°,基于 MATLAB 对灰度值及对应面积进行提取,并进行灰度—度转换,获得该图像中迎向岩石渗流区域的起伏角为 0°~90°的面积统计(不含 0°)。类似地,对图 4-11 进行分析,可获得该图像中背向岩石渗流区域的起伏角为 0°~90°的面积统计(不含 0°)。起伏角为 0°的面积即为 $S_{平行}$,此时裂隙表面所有网格的起伏角及其对应面积已统计完成。为了便于描述,下文将迎向岩石渗流区域的起伏角称为正向渗流起伏角,将背向岩石渗流区域的起伏角称为逆向渗流起伏角。

将正向渗流起伏角设置为正,逆向渗流起伏角设置为负,然后,将正向、逆向渗流起伏角为 0°~90°区域的面积统计分别除以岩石结构面的总面积 $S_全$,并将两者合并至同一坐标系,横坐标为起伏角,纵坐标为大于等于该角度面积总和与裂隙面总面积的比例,最终获得裂隙面起伏角概率分布统计模型,如图 4-15 所示。

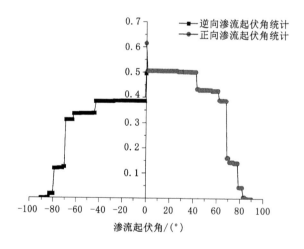

图 4-15　裂隙面起伏角概率分布统计模型

基于上述微裂隙三维粗糙度表征方法的实现过程,采用 Python 语言进行数据处理,并调用 MATLAB 进行光源模拟及灰度统计,开发出微裂隙三维粗糙度表征程序,该程序运行流程如图 4-16 所示。

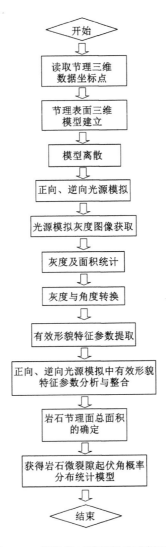

图 4-16　微裂隙三维粗糙度表征程序

4.3　微裂隙粗糙度形貌参数的单因素及多因素分析

　　岩石裂隙表面形貌特征具有随机性,给裂隙粗糙特性的定量描述带来了很大挑战,对微裂隙粗糙度形貌参数进行定量描述有助于全面认识微裂隙的粗糙度特性。根据国内外学者对裂隙粗糙度的研究,影响微裂隙粗糙度形貌参数的指标多达几十个。从直接角度来看,在描述微裂隙粗糙度中发挥重要作用的形貌参数并不多,因此,为构建全面描述微裂隙粗糙度的评价指标,选择合适的微裂隙粗糙度形貌参数进行全面分析是十分必要的。国内外学者分别围绕粗糙度的各向异性、尺寸效应、间距效应开展了大量的研究工作,卓有成效。然而,在裂隙的粗糙度参数研究方面,综合对二维、三维粗糙度参数的各向异性、尺寸效应、间距效应进行分析的文献较少。本节基于上文对微裂隙细砂岩相似模型表面的三维数据坐标,结合微裂隙三维粗糙度表征程序,对影响微裂隙粗糙度的主要形貌参数进行详细研究,并基于二维角度、三维角度对主要形貌参数从各向异性、尺寸效应、间距效应角度进行单因素及多因素分析,为下一步微裂隙三维粗糙度指标的提出奠定理论基础。

4.3.1 微裂隙粗糙度主要形貌参数的提出

（1）平均正向渗流抵抗角 $\overline{\theta}^+$

Grasselli 等（2002）的研究表明,岩石节理渗流或剪切过程中,只有部分面积在渗流或剪切过程中是有效的,并且该部分发生在面向渗流或剪切的方向,可将沿渗流或剪切方向坡度为正的起伏角称为正向渗流抵抗角 θ^+。天然节理面的起伏并不是规则的,可以用平均正向渗流抵抗角 $\overline{\theta}^+$ 来描述节理的平均起伏程度,其计算方法如下:

$$\overline{\theta}^+ = \frac{1}{S_{\text{Total}}} \sum_{i=0}^{90°} S_i \theta_i^+ \tag{4-2}$$

式中　θ_i^+——沿渗流或剪切方向为正的起伏角,即 i 所表示的起伏角度, i 的范围为 $[0,90°]$；

S_i——起伏角度为 i 的所有起伏面的面积统计；

S_{Total}——沿渗流或剪切方向为正的起伏面的面积总和。

图 4-17 所示为规则节理,由平均正向渗流抵抗角计算图 4-17 中的节理起伏度,则节理自左向右方向的平均正向渗流抵抗角分别为 θ_1,而自右向左的平均正向渗流抵抗角分别为 θ_2,由此可见,可以描述节理的平均起伏程度及其方向性。

图 4-17　规则节理

（2）起伏分布参数 α

S. Gentier 等研究发现,起伏角较大的区域更容易发生接触和磨损,对抵抗渗流或剪切的贡献更大,采用一个平均正向渗流抵抗角无法全面描述节理的起伏特点,需要考虑起伏的分布特点。

天然节理表面形态具有随机性,节理表面起伏角近似服从正态分布。基于正态曲线的形态特征,并参考文献[28],考虑到起伏的方向性,引入 1 个量纲为 1 的起伏分布特征参数 α（称为分布参数）:

$$\alpha = \sqrt{\frac{1}{S_{\text{Total}}} \sum_{i=0}^{90} S_i \ (\theta_i^+)^2} \Big/ \overline{\theta_i^+} \tag{4-3}$$

由式（4-3）可知,由于 θ_i^+ 为正,分布参数 α 的最小值为 1,即节理为规则齿形的情况；当 $\alpha > 1$,节理并非规则且分布参数越大,部分正向渗流抵抗角偏离均值越大,偏离均值正向部分在渗流或剪切过程中更容易产生抵抗作用,因此导致节理有效粗糙度的增大。

（3）抵抗渗流面积百分比 S_{PRA}

基于节理表面起伏特征（图 4-18）,采用节理凸起部分（图 4-18 中锯齿状上升部分）的面积百分比 S_{PRA} 作为研究岩体结构面表面粗糙程度的参数进行研究,为进一步建立 S_{PRA} 与 JRC 之间的关系做铺垫。

S_{PRA} 可根据下式进行计算:

$$S_{\text{PRA}} = \frac{S_b}{S_t} \times 100\% \tag{4-4}$$

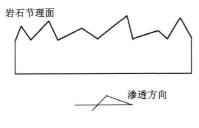

图 4-18　节理灰度图

式中　S_b——凸起的部分面积;

　　　S_t——岩体结构面总面积。

结合 4.2 节的裂隙面起伏角概率分布统计模型分析结果,正向渗流抵抗角 θ^+ 为模型中的正向渗流起伏角,沿渗流或剪切方向为正的起伏面的面积总和 S_{Total} 为模型中正向渗流起伏角的面积总和,凸起的部分面积 S_b 即为正向渗流起伏角所对应的面积。由此可以通过微裂隙三维粗糙度表征程序快速、精确地获取 3 个微裂隙粗糙度主要形貌参数。

4.3.2　单因素作用下微裂隙二维粗糙度参数的演化规律

岩体渗流及剪切过程中存在着显著的各向异性、尺寸效应特征,造成这一特征的主要因素就是裂隙表面几何形态,而裂隙表面几何形态直接影响着岩体裂隙粗糙度。在裂隙粗糙度的分析过程中数据点的采集间隔会对粗糙度产生较大影响,因此下文将对微裂隙二维粗糙度参数的各向异性、尺寸效应、间距效应进行单因素分析。

(1) 各向异性

为有效获取各向异性对微裂隙二维粗糙度的影响,需要对微裂隙三维粗糙度表征程序中光源模拟过程进行设置。微裂隙面的扫描间距采用 0.4 mm,将三维模型离散后,虚拟光源的距离、强度均保持不变,然后将虚拟光源在水平面上以 30° 的递增间隔从 0°～360° 顺时针进行改变,获得光源模拟示意图如图 4-19 所示。图 4-19 中,定义光线与垂直投影的夹角为垂直角,定义光线垂直投影与 x 轴的夹角为水平角。在二维粗糙度条件下,垂直角设置为 0°,改变的是水平角的数值;在三维粗糙度条件下,垂直角开始发生改变。

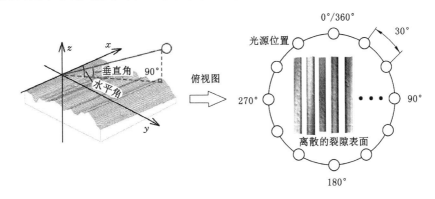

图 4-19　微裂隙二维粗糙度参数各向异性光源模拟示意图

对微裂隙二维粗糙度进行各向异性单因素分析过程中,在微裂隙三维粗糙度表征程序中设置参数如表 4-1 所示,运行程序后获得微裂隙二维粗糙度考虑各向异性单因素条件下的裂隙面起伏角概率分布统计模型,并进一步提取出微裂隙粗糙度主要形貌参数,如图 4-20 所示。

表 4-1　　　　　　　　　　微裂隙二维粗糙度参数各向异性模拟参数

裂隙类型	光照类型	垂直角/(°)	水平角/(°)	裂隙尺寸/像素×像素	扫描间距/mm
细砂岩相似模型微裂隙面	平行光	0	0～360	1 000×1 000	0.4

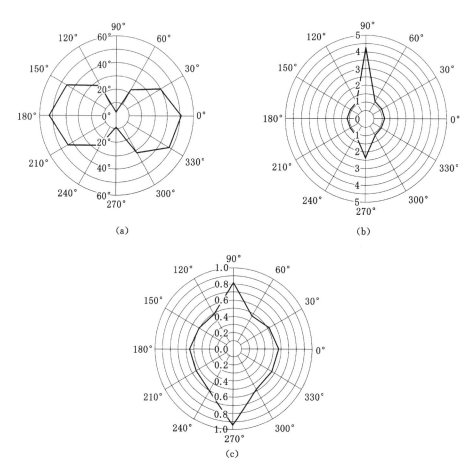

图 4-20　考虑各向异性单因素条件下的微裂隙二维粗糙度参数
(a) 平均正向渗流抵抗角;(b) 起伏分布参数;(c) 抵抗渗流面积百分比

由图 4-20 不难发现,不同方向上的平均正向渗流抵抗角、起伏分布参数、抵抗渗流面积百分比均各不相同,表现出较强的各向异性。平均正向渗流抵抗角方面,在 90°水平角方向上具有最小值 2.54°,在 180°水平角方向上具有最大值 52.62°,最大差值 50.08°,变化幅度较大;整体上平均正向渗流抵抗角具有一定的中心对称性,即 0°和 180°、90°和 270°的结果在数值上较为接近。起伏分布参数方面,在 180°水平角方向上具有最小值 1.15,在 90°水平角方向上具有最大值 4.31,最大差值 3.16,差异性非常明显;整体上起伏分布参数具有一定的轴对称性,即 0°和 180°、30°和 150°的结果在数值上较为接近。抵抗渗流面积百分比方面,在

60°水平角方向上具有最小值 0.47,在 270°水平角方向上具有最大值 0.95,最大差值 0.48,演变过程较为剧烈;整体上抵抗渗流面积百分比的对称性并不显著,但 120°到 240°和 300°到 60°的变化趋势较为接近。

通过以上分析可知,平均正向渗流抵抗角具有较好的中心对称性,这意味着该裂隙沿同一方向正向渗流和增加 180°反向渗流其平均正向渗流抵抗角结果较为接近,90°时的结果最小,说明沿该力向裂隙表面起伏程度最小,阻碍渗流作用程度较低。起伏分布参数在 90°时急剧升高,说明该情况时裂隙表面起伏程度离散性很大,在渗流过程中会产生更大抵抗作用。抵抗渗流面积百分比在 270°时数值最大,此时对阻碍渗流过程的影响范围最大。因此,由上述分析不难发现,粗糙度是多因素共同作用的结果。以水平角 90°为例,其起伏分布参数、抵抗渗流面积百分比结果均比较大,但平均正向渗流抵抗角却是最小值,导致其粗糙度的结果并不一定较大,这需要进一步提出粗糙度表征方法。

(2)尺寸效应

为有效获取尺寸效应对微裂隙二维粗糙度的影响,同样地,采用微裂隙三维粗糙度表征程序中光源模拟过程进行设置。模型离散、虚拟光源的距离、强度,扫描间距和各向异性分析中的分析方法保持一致。此时,将虚拟光源在水平面上以 90°水平角进行照射,针对微裂隙细砂岩相似模型表面,分别自左上、左下、右上、右下向整个裂隙表面扩展。分析的裂隙尺寸大小为 100 像素×100 像素,边长依次增加 100 像素,最终到达 1 000 像素×1 000 像素,如图 4-21 所示。

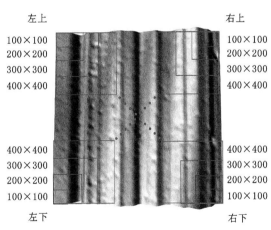

图 4-21　微裂隙粗糙度参数尺寸效应光源模拟示意图

对微裂隙二维粗糙度进行尺寸效应单因素分析过程中,在微裂隙三维粗糙度表征程序中设置参数如表 4-2 所示,运行程序后获得微裂隙二维粗糙度考虑尺寸效应单因素条件下的裂隙面起伏角概率分布统计模型,并进一步提取出微裂隙粗糙度主要形貌参数,如图 4-22 所示。

表 4-2　　　　　　　　　　微裂隙二维粗糙度参数尺寸效应模拟参数

裂隙类型	光照类型	垂直角/(°)	水平角/(°)	裂隙尺寸/像素×像素	扫描间距/mm
细砂岩相似模型微裂隙面	平行光	0	90	100×100～1 000×1 000	0.4

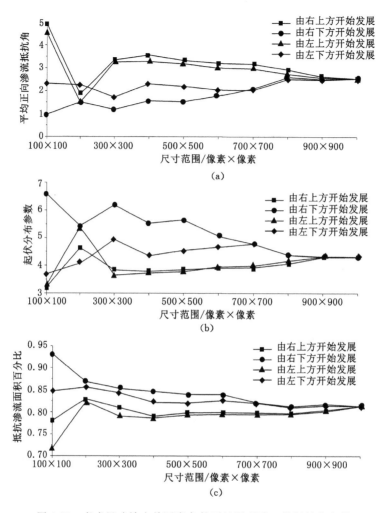

图 4-22　考虑尺寸效应单因素条件下的微裂隙二维粗糙度参数
(a) 平均正向渗流抵抗角；(b) 起伏分布参数；(c) 抵抗渗流面积百分比

分析图 4-22 可知,从总体趋势来看,四种情况的平均正向渗流抵抗角、起伏分布参数及抵抗渗流面积百分比随着裂隙面尺度范围的增大其数值均逐步趋于稳定,且所有参数在 300 像素×300 像素范围内波动较大,直到 900 像素×900 像素时基本处于收敛状态。因此可以认为,在扫描间距为 0.4 mm、垂直角为 0°、水平角为 90°的情况下,研究粗糙度参数的合理尺寸应大于 900 像素×900 像素。该结果为研究粗糙度时裂隙面尺寸的选择提供了借鉴意义,为验证结果的准确性,下文将对两种影响因素同时分析。

(3) 间距效应

为有效分析间距效应对微裂隙二维粗糙度的影响,按照上文方法,采用微裂隙三维粗糙度表征程序中光源模拟过程进行设置。裂隙面扫描间距分别采用 0.4～2.4 mm,依次间隔为 0.4 mm,模型离散,虚拟光源的距离、强度和各向异性分析中的分析方法保持一致。此时,将虚拟光源在水平面上以 90°水平角进行照射。其中不同扫描间距的设置情况如图 4-23 所示。

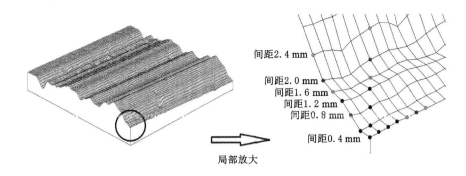

图 4-23 微裂隙粗糙度参数扫描间距设置模拟示意图

在对微裂隙二维粗糙度进行间距效应单因素分析过程中,在微裂隙三维粗糙度表征程序中设置参数如表 4-3 所示,运行程序后获得微裂隙二维粗糙度考虑扫描间距单因素条件下的裂隙面起伏角概率分布统计模型,并进一步提取出微裂隙粗糙度主要形貌参数,如图 4-24 所示。

表 4-3 微裂隙二维粗糙度参数间距效应模拟参数

裂隙类型	光照类型	垂直角/(°)	水平角/(°)	裂隙尺寸/像素×像素	扫描间距/mm
细砂岩相似模型微裂隙面	平行光	0	90	1 000×1 000	0.4～2.4

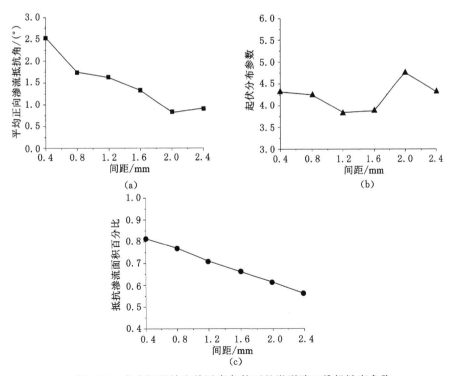

图 4-24 考虑间距效应单因素条件下的微裂隙二维粗糙度参数

(a) 平均正向渗流抵抗角;(b) 起伏分布参数;(c) 抵抗渗流面积百分比

根据 4.1 节分析结果,扫描间距越小,获取的粗糙度参数结果越真实,岩体裂隙面粗糙度评价越精确。从图 4-24 的结果中可以看出,平均正向渗流抵抗角、起伏分布参数及抵抗渗流面积百分比随着扫描间距的逐渐减小,其结果稳定性很差。平均正向渗流抵抗角方面,当扫描间距由 0.8 mm 减小至 0.4 mm 时,仍然发生很大波动;起伏分布参数方面,在扫描间距小于 0.8 mm 时,其结果逐渐趋于稳定;抵抗渗流面积百分比方面,随着扫描间距的减小,其结果呈线性增加趋势。进一步分析可知,3 种粗糙度参数不稳定的变化规律必然导致粗糙度表征结果的不稳定。因此在表征微裂隙粗糙度的过程中,为了体现裂隙表面颗粒结构对粗糙度的影响,必须有效降低扫描间距,使其明显小于砂砾直径;然而扫描间距的降低会产生大量数据,给扫描设备、计算机存储及运算能力带来了巨大的挑战,并考虑砂岩的颗粒粒径、微裂隙开度等因素,本次扫描间距选用 0.4~2.4 mm,其结果已经可以从客观上反映粗糙度的变化规律。

4.3.3　双因素作用下微裂隙二维粗糙度参数的演化规律

在对单因素作用下微裂隙二维粗糙度参数的演化规律进行分析时,不难发现,粗糙度参数在各向异性、尺寸效应、间距效应的影响下,其结果各具独立性,难以统一。因此为了全面对微裂隙粗糙度参数进行分析,采用双因素进行分析是十分必要的,下文将对二维粗糙度参数的演化规律进行分析。

在考虑双因素作用的情况下,在微裂隙三维粗糙度表征程序中设置参数如下:各向异性方面,设置垂直角为 0°,水平角为 0°~360°;尺寸效应方面,自中央向整个裂隙表面扩展。分析的裂隙尺寸大小为 100 像素×100 像素,边长依次增加 100 像素,最终达到 1 000 像素×1 000 像素,如图 4-25 所示;间距效应方面,裂隙面扫描间距分别采用 0.4~2.4 mm,依次间隔为 0.4 mm;其他离散条件、光源条件等均与单因素分析保持对应。运行程序后获得微裂隙二维粗糙度考虑双因素条件下的裂隙面起伏角概率分布统计模型,并进一步提取出微裂隙粗糙度主要形貌参数,下文将对结果进行详细分析。

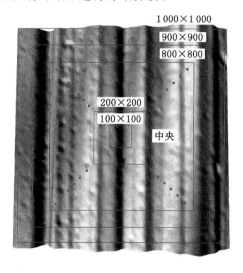

图 4-25　双因素作用下微裂隙二维粗糙度参数尺寸效应光源模拟示意图

（1）各向异性、尺寸效应共同作用

对微裂隙二维粗糙度进行各向异性、尺寸效应双因素分析过程中,在微裂隙三维粗糙度表征程序中设置参数如表 4-4 所示,根据裂隙面起伏角概率分布统计模型,进一步提取出微裂隙粗糙度主要形貌参数如图 4-26 所示。

表 4-4　　　　　　　　　微裂隙二维粗糙度参数间距效应模拟参数

裂隙类型	光照类型	垂直角/(°)	水平角/(°)	裂隙尺寸/像素×像素	扫描间距/mm
细砂岩相似模型微裂隙面	平行光	0	0~360	100×100~1 000×1 000	0.4

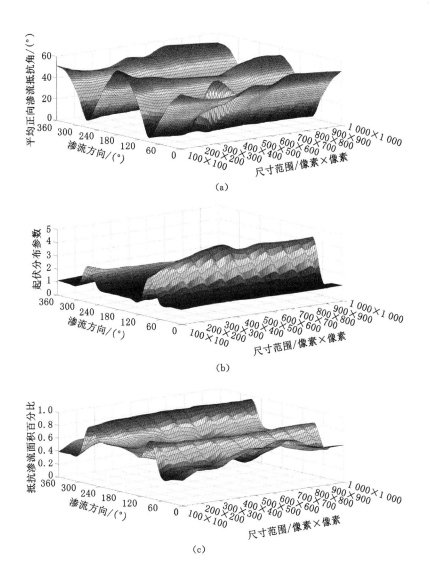

图 4-26　考虑各向异性、尺寸效应因素条件下的微裂隙二维粗糙度参数
（a）平均正向渗流抵抗角；（b）起伏分布参数；（c）抵抗渗流面积百分比

从图 4-26 中可以看出,当渗流方向从 0°~360°不断增加时,平均正向渗流抵抗角、起伏分布参数、抵抗渗流面积百分比均存在着一定的起伏。平均正向渗流抵抗角沿 180°方向呈

轴对称式分布,90°和270°为平均正向渗流抵抗角的劣势方向,其数值最小,0°和180°为平均正向渗流抵抗角的优势方向,其数值最大。随着分析尺寸的不断增大,平均正向渗流抵抗角在700像素×700像素之前呈现缓慢增加趋势,700像素×700像素之后其结果基本不再改变。起伏分布参数在90°和270°时波动较大,尤其是在90°时的数值已超过4.0,表明沿此方向的裂隙起伏程度很大;其他渗流方向的起伏分布参数基本均为1.0左右,表明该裂隙在大部分的渗流方向上裂隙起伏比较均匀,基本不存在明显凸起或凹陷的区域;在扫描间距为0.4 mm时,除90°和270°以外的其他渗流方向的起伏分布参数不随分析尺寸的变化而变化。渗流方向为90°时,分布参数随着分析尺寸的增大先增大后稳定,当分析尺寸大于500像素×500像素后,分析参数浮动较小。抵抗面积百分比呈近似轴对称分布,90°和270°时到达峰值状态,其数值最高可达0.95;0°～60°,300°～360°时,其变化程度较为平稳,渗流方向和分析尺寸对抵抗面积百分比影响较小。

基于以上描述,平均正向渗流抵抗角、起伏分布参数、抵抗渗流面积百分比受渗流方向因素影响很大;而尺寸效应仅对起伏分布参数影响较为明显,对正向渗流抵抗角、抵抗渗流面积百分比影响较小。因此,在分析微裂隙粗糙度时,既需要选择合理的尺度范围,分析同一尺寸上的各向异性特征,也得全面分析其各个渗流方向上的尺寸效应。只有将两者结合起来分析,才能准确描述微裂隙粗糙度特征。

(2)各向异性、间距效应共同作用

对微裂隙二维粗糙度进行各向异性、间距效应双因素分析过程中,在微裂隙三维粗糙度表征程序中设置参数如表4-5所示,根据裂隙面起伏角概率分布统计模型,进一步提取出微裂隙粗糙度主要形貌参数如图4-27所示。

表 4-5　　　　　　　　　微裂隙二维粗糙度参数间距效应模拟参数

裂隙类型	光照类型	垂直角/(°)	水平角/(°)	裂隙尺寸/像素×像素	扫描间距/mm
细砂岩相似模型微裂隙面	平行光	0	0～360	1 000×1 000	0.4～2.4

从图4-27中不难发现,平均正向渗流抵抗角、起伏分布参数、抵抗渗流面积百分比的特征与各向异性、尺寸效应共同作用下的特征基本保持一致,但也存在部分不同之处。3个粗糙度参数受渗流方向因素影响很大,间距效应对起伏分布参数、抵抗渗流面积百分比均有一定影响,对平均正向渗流抵抗角影响较小。渗流方向为90°时,起伏分布参数在扫描间距为1.2 mm之前和1.6 mm之后较为平稳,在1.2～1.6 mm之间存在一个持续增加的过程;而其他渗流角度时,扫描间距对起伏分布参数的影响很小。抵抗渗流面积百分比并不存在轴对称特征,渗流方向为90°时的结果明显小于270°时的结果;0°～60°,120°～240°,300°～360°时的结果较为平稳,基本保持在0.5～0.6之间;抵抗渗流面积百分比在渗流方向为90°时,随着扫描间距的增大,其数值呈线性减小趋势,而其他渗流方向时,扫描间距对抵抗渗流面积百分比的影响很小。基于上述分析,平均正向渗流抵抗角、起伏分布参数、抵抗渗流面积百分比存在着显著的各向异性;而扫描间距仅在渗流方向为90°时,对起伏分布参数、抵抗渗流面积百分比影响较大,其他情况下扫描间距对粗糙度参数结果影响较小。因此,将各向异性、间距效应相结合对粗糙度参数进行全面分析是十分必要的。

(3)尺寸效应、间距效应

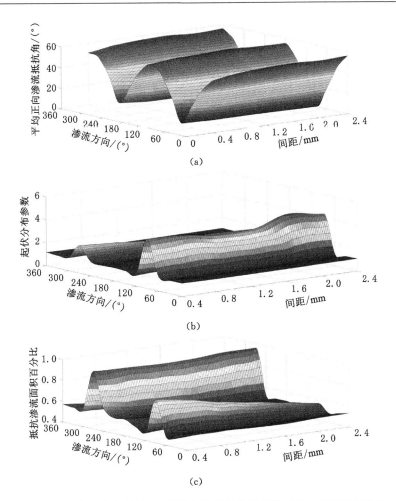

图 4-27　考虑各向异性、间距效应因素条件下的微裂隙二维粗糙度参数

(a)平均正向渗流抵抗角；(b)起伏分布参数；(c)抵抗渗流面积百分比

对微裂隙二维粗糙度进行尺寸效应、间距效应双因素分析过程中,在微裂隙三维粗糙度表征程序中设置参数如表 4-6 所示,根据裂隙面起伏角概率分布统计模型,进一步提取出微裂隙粗糙度主要形貌参数如图 4-28 所示。

表 4-6　　　　　　　　微裂隙二维粗糙度参数间距效应模拟参数

裂隙类型	光照类型	垂直角/(°)	水平角/(°)	裂隙尺寸/像素×像素	扫描间距/mm
细砂岩相似模型微裂隙面	平行光	0	90	100×100~1 000×1 000	0.4~2.4

对图 4-28 分析可知,从整体来看,平均正向渗流抵抗角随着分析尺寸、扫描间距的增大而逐渐减小;当分析尺寸大于 300 像素×300 像素且扫描间距大于 1.2 mm 时,其结果较为平稳;当扫描间距为 0.4 mm,分析尺寸为 100 像素×100 像素时,平均正向渗流抵抗角获得最大值,约为 3.77°。起伏分布参数在分析尺寸为 400 像素×400 像素和 700 像素×700 像素时,其结果随扫描间距的增大而不断增大,在其他情况时,其结果波动性不大;在分析尺寸为 700 像素×700 像素、扫描间距为 2.4 mm 时获得最大值,约为 6.98,表明此时裂隙表面

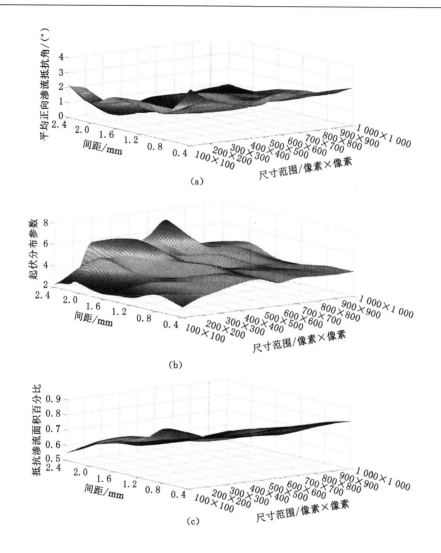

图 4-28 考虑尺寸效应、间距效应因素条件下的微裂隙二维粗糙度参数
(a) 平均正向渗流抵抗角;(b) 起伏分布参数;(c) 抵抗渗流面积百分比

非常不规则。抵抗渗流面积百分比呈现较稳定的规律性,随着分析尺寸的增大呈线性增大趋势,此时分析尺寸对抵抗渗流面积百分比影响很小;当分析尺寸为 100 像素×100 像素,扫描间距为 0.4 mm 时,抵抗渗流面积百分比获得最大值,约为 0.87,并且在分析尺寸增加至 200 像素×200 像素、扫描间距增加至 0.8 mm 时,抵抗渗流面积百分比波动较大,呈现快速下降趋势。通过以上分析不难发现,对于平均正向渗流抵抗角、起伏分布参数受尺寸效应、间距效应影响很大;当分析尺寸、扫描间距较小时,平均正向渗流抵抗角变化较为剧烈;当分析尺寸为 400 像素×400 像素和 700 像素×700 像素时,起伏分布参数受扫描间距影响很大。而渗流抵抗面积受扫描间距影响较大,分析尺寸对其结果影响较小。因此,在对粗糙度参数进行分析时,有必要同时考虑尺寸效应和间距效应的共同作用。

(4) 双因素作用下微裂隙三维粗糙度参数的演化规律

国内外学者对二维粗糙度评价方法及其粗糙度参数研究较为广泛,随着粗糙度研究的进一步深入,单一剖面对粗糙度进行评价的方法已经不能满足对其全面分析的要求,因此,有必要从空间三维角度对粗糙度进行分析。目前,大多数学者认为三维评价方法没有考虑粗糙度的各向异性特征,为有效解决该问题,Kulatilake 于 2006 年提出利用赤平投影极点图法来描述粗糙度的各向异性,通过比较极点图上微小平面的密集程度来判断不同方向上的相对粗糙度大小,如图 4-29 所示。该方法对实现三维粗糙度的描述有一定推动作用,但还是很难定量去表征粗糙度。为此,本书从空间三维角度出发,依据微裂隙三维粗糙度表征程序,在微裂隙二维粗糙度参数分析方法的基础上,通过改变垂直角、水平角、分析尺寸、扫描间距等 4 个环境变量来全面评价微裂隙三维粗糙度特征,为进一步获取不同粗糙度裂隙的渗流规律奠定理论基础。由于微裂隙三维粗糙度受多因素影响,其与二维粗糙度的本质区别在于实现了对垂直角的控制,但也需要大规模的运算来实现。本书以垂直角 22.5°为例对微裂隙三维粗糙度参数进行分析,其表征方法模型图如图 4-30 所示。

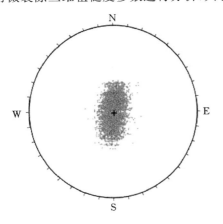

图 4-29　赤平投影极点图法结果示意图

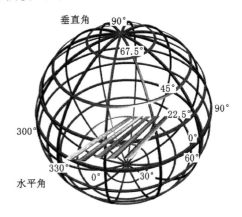

图 4-30　微裂隙三维粗糙度参数间距
效应模拟参数

（1）各向异性、尺寸效应共同作用

对微裂隙三维粗糙度进行各向异性、尺寸效应双因素分析过程中,在微裂隙三维粗糙度表征程序中设置参数如表 4-7 所示,根据裂隙面起伏角概率分布统计模型,进一步提取出微裂隙粗糙度主要形貌参数,如图 4-31 所示。

表 4-7　　　　　　　　微裂隙三维粗糙度参数间距效应模拟参数

裂隙类型	光照类型	垂直角/(°)	水平角/(°)	裂隙尺寸/像素×像素	扫描间距/mm
细砂岩相似模型微裂隙面	平行光	22.5	0~360	100×100~1 000×1 000	0.4

从图 4-31 中可以看出,平均正向渗流抵抗角、起伏分布参数、抵抗渗流面积百分比具有显著的各向异性,其波动性比二维粗糙度参数更为剧烈。二维粗糙度参数随渗流方向角度的变化具有一定的近似对称性,而三维粗糙度参数中仅有抵抗渗流面积百分比具有对称性特征。除个别情况以外,三个粗糙度参数受分析尺寸影响较小。在渗流方向为90°时,平均正向渗流抵抗角随着分析尺寸的增大呈先增大后稳定趋势,当分析尺寸大于400 像素×400 像素后,平均正向渗流抵抗角浮动较小。在渗流方向为 90°时,平均正向

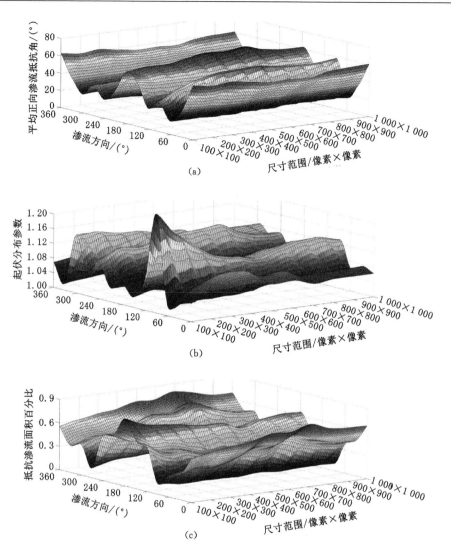

图 4-31　考虑各向异性、尺寸效应因素条件下的微裂隙三维粗糙度参数
(a) 平均正向渗流抵抗角；(b) 起伏分布参数；(c) 抵抗渗流面积百分比

渗流抵抗角及起伏分布参数均随着分析尺寸的增大呈先增大后稳定趋势,当分析尺寸大于 400 像素×400 像素后,平均正向渗流抵抗角浮动较小。抵抗渗流面积百分比在渗流方向为 90°~270°时,其结果随着分析尺寸的增大呈先减小后稳定的趋势;在渗流方向为 0°~60°,300°~360°时,其结果随着分析尺寸的增大呈先增大后稳定的趋势;在其他渗流方向抵抗渗流面积百分比较为平稳。由此可以发现,相对于二维粗糙度参数而言,三维粗糙度参数在各向异性、尺寸效应因素共同作用下,各向异性特征更为显著,尺寸效应规律差异性较小。因此在分析三维粗糙度时应对微裂隙表面的各向异性特征进行全面分析,选择合适的渗流方向是十分必要的。

(2) 各向异性、间距效应共同作用

对微裂隙三维粗糙度进行各向异性、间距效应双因素分析过程中,在微裂隙三维粗糙度表征程序中设置参数如表 4-8 所示,根据裂隙面起伏角概率分布统计模型,进一步提取微裂隙粗糙度主要形貌参数,如图 4-32 所示。

表 4-8   微裂隙三维粗糙度参数间距效应模拟参数

裂隙类型	光照类型	垂直角/(°)	水平角/(°)	裂隙尺寸/像素×像素	扫描间距/mm
细砂岩相似模型微裂隙面	平行光	22.5	0～360	1 000×1 000	0.4～2.4

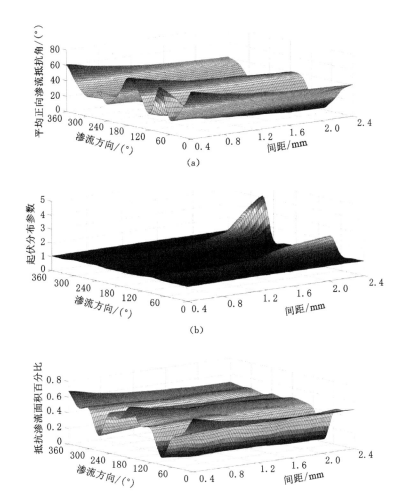

图 4-32 考虑各向异性、间距效应因素条件下的微裂隙三维粗糙度参数
(a) 平均正向渗流抵抗角;(b) 起伏分布参数;(c) 抵抗渗流面积百分比

从图 4-32 中不难发现,抵抗渗流面积百分比的特征与各向异性、尺寸效应共同作用下的特征基本保持一致。平均正向渗流抵抗角、起伏分布参数的各向异性特征、间距效应与二维粗糙度参数特征之间存在较大差异性。在扫描间距为 0.4～0.8 mm 时,平均正向渗流抵抗角的各向异性更为显著,在渗流方向为 0°～360° 之间存在 5 个峰值点,且随着扫描间距的逐渐增大,平均正向渗流抵抗角逐渐减小;当扫描间距大于 0.8 mm 时,平均正向渗流抵抗角受扫描间距影响较小,其各向异性特征沿 180° 方向呈轴对称式分布。起伏分布参数在扫描间距小于 1.6 mm 时,基本不受渗流方向和扫描间距的影响,其结果约

为 1.0,呈现为规则起伏面;扫描间距大于 1.6 mm 且渗流方向为 90°和 270°时,起伏分布参数随着扫描间距的增大而增大,渗流方向为 270°时的增长趋势尤为显著。在各向异性、间距效应共同作用下的三维粗糙度参数分析过程中,各向异性、间距效应在不同情况下对结果的贡献具有较大差异。整体上看,各向异性对平均正向渗流抵抗角、抵抗渗流面积百分比结果的影响要比间距效应大很多,各向异性、间距效应对起伏分布参数的结果均发挥了重要作用。对比后发现,三维粗糙度参数与二维粗糙度参数的分布规律存在较大差异,因此在对三维粗糙度参数进行分析的过程中,应重点关注参数在各向异性、间距效应共同作用下的结果。

（3）尺寸效应、间距效应

对微裂隙三维粗糙度进行尺寸效应、间距效应双因素分析过程中,在微裂隙三维粗糙度表征程序中设置参数如表 4-9 所示,根据裂隙面起伏角概率分布统计模型,进一步提取出微裂隙粗糙度主要形貌参数,如图 4-33 所示。

表 4-9		微裂隙三维粗糙度参数间距效应模拟参数			
裂隙类型	光照类型	垂直角/(°)	水平角/(°)	裂隙尺寸/像素×像素	扫描间距/mm
细砂岩相似模型微裂隙面	平行光	22.5	90	100×100～1 000×1 000	0.4～2.4

对图 4-33 分析可知,从整体来看,平均正向渗流抵抗角在扫描间距由 0.4 mm 增至 0.8 mm过程中,其结果呈急剧下降趋势;当扫描间距大于 0.8 mm 后,随着扫描间距的增加,平均正向渗流抵抗角下降趋势非常缓慢,最终降至 0°;在扫描间距变化的过程中,分析尺寸对平

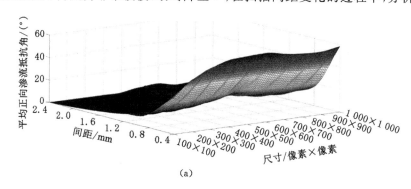

(a)

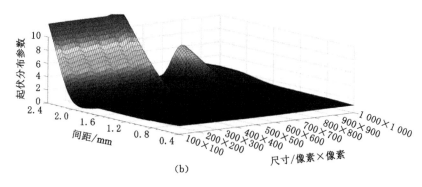

(b)

图 4-33 考虑尺寸效应、间距效应因素条件下的微裂隙三维粗糙度参数
(a) 平均正向渗流抵抗角;(b) 起伏分布参数

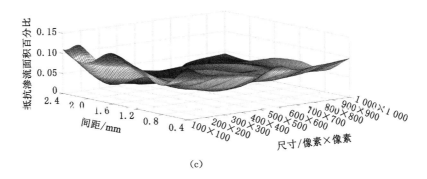

（c）

续图 4-33　考虑尺寸效应、间距效应因素条件下的微裂隙三维粗糙度参数
（c）抵抗渗流面积百分比

均正向渗流抵抗角结果影响很小。由于在扫描间距为 2.4 mm、分析尺寸为 100 像素×100 像素到 500×500 像素时，平均正向渗流抵抗角已降至 0°，根据起伏分布参数的定义，此时起伏分布参数的结果趋于无穷大，为了更好地显示，图 4-33(b) 仅描述该部分与其他部分的相对大小；当分析尺寸为 800 像素×800 像素，扫描间距大于 2.0 mm 时，起伏分布参数随扫描间距的增大而逐渐增大；当扫描间距小于 2.0 mm 时，起伏分布参数基本不受扫描间距及分析尺寸的影响，其结果约为 1.0，裂隙表面呈现为规则起伏面；抵抗渗流面积百分比随着分析尺寸、扫描间距的增大而逐渐减小；当分析尺寸大于 300 像素×300 像素且扫描间距大于 1.2 mm 时，其结果较为平稳；当扫描间距为 0.4 mm，分析尺寸为 100 像素×100 像素时，抵抗渗流面积百分比获得最大值，约为 0.13。在对三维粗糙度参数分析过程中，平均正向渗流抵抗角受间距效应影响较大，受尺寸效应影响较小；而扫描间距和分析尺寸对起伏分布参数、抵抗渗流面积百分比的结果均有较大贡献。因此，不同三维粗糙度参数受不同因素的影响效果存在差异性，对三维粗糙度各项影响因素进行全面分析是十分必要的。

　　综合以上，在对二维粗糙度参数进行单因素、双因素分析以及对三维粗糙度参数进行双因素分析的过程中，不难发现，粗糙度参数是在多因素共同作用下的变量。同一因素对不同粗糙度参数的影响不尽相同，采用双因素分析更有助于全面了解粗糙度参数特征。三维粗糙度参数在各向异性、尺寸效应、间隔效应的作用下比二维粗糙度参数呈现更加复杂的规律，而且不同影响因素在不同情况下对粗糙度参数结果的贡献也不尽相同。因此为了对微裂隙粗糙度进行有效定量描述，应结合不同影响因素的特点以及对粗糙度的贡献，将 3 个粗糙度参数进行有机整合，为新的微裂隙粗糙度指标的提出提供参考依据。因此上文对粗糙度参数从多角度开展的分析，为进一步评价粗糙度起到了有力的推动作用。

4.4　微裂隙粗糙度指标的提出及验证

4.4.1　微裂隙粗糙度指标 JRI 的建立

　　以上讨论了岩石微裂隙粗糙度参数平均正向渗流抵抗角 $\overline{\theta}^{+}$、起伏分布参数 α 及抵抗渗流面积百分比 S_{PRA} 的特性，由上述参数的物理意义结合节理表面扫描结果，提出一个微裂隙粗糙度指标 JRI：

$$JRI = \alpha^{-2} S_{\text{PRA}} \cos^2 \overline{\theta}^+ \tag{4-5}$$

该指标采用 3 个参数描述微裂隙的主要粗糙特性,指标中的 3 个参数可以直接通过微裂隙三维粗糙度表征程序计算得到。

4.4.2 新指标与 JRC 的关系及验证

目前,普遍用 Tse 和 Cruden(1979)提出的经验公式计算 JRC 值:

$$JRC^{2D} = 32.20 + 32.47 \lg Z_2 \tag{4-6}$$

式中 JRC^{2D}——岩体结构面二维粗糙度系数;

Z_2——节理表面平均梯度模。

其中,

$$Z_2 = \sqrt{\frac{1}{m-1} \sum_{i}^{m-1} \left(\frac{Z_{i+1} - Z_i}{\Delta}\right)^2} \tag{4-7}$$

式中 m——沿剪切方向所截取的二维剖面的个数;

Z_i, Z_{i+1}——结构面三维数据中 $i, i+1$ 点的竖向坐标;

Δ——每条剖面线上点与点之间的距离。

获得岩体结构面二维粗糙度系数 JRC^{2D} 后,利用求均值的方法将式(4-6)扩展为三维粗糙度系数 JRC^{3D},如式(4-8)所示:

$$JRC^{3D} = \frac{1}{n} \sum_{i=1}^{n} JRC_i^{2D} \tag{4-8}$$

为了使表征方法具有代表性及推广价值,需对多组不同类型粗糙度裂隙表面进行全面分析。因此,本章以粗砂岩体微裂隙表面三维点云数据为基础,采用裂隙网络的模拟技术,按照 2.0~6.0 mm 为间隔,随机生成 10 组 JRC 在 1~9 之间的裂隙三维模型,如图 4-34 所示。

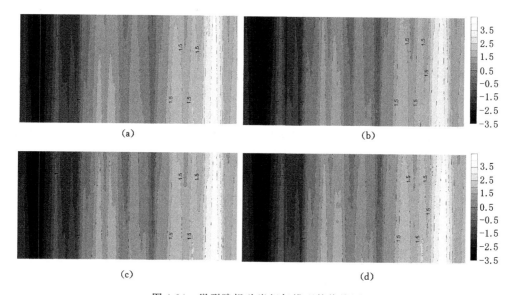

图 4-34 微裂隙粗砂岩相似模型等值线图

(a) 微裂隙粗砂岩相似模型 S1;(b) 微裂隙粗砂岩相似模型 S2;

(c) 微裂隙粗砂岩相似模型 S3;(d) 微裂隙粗砂岩相似模型 S4

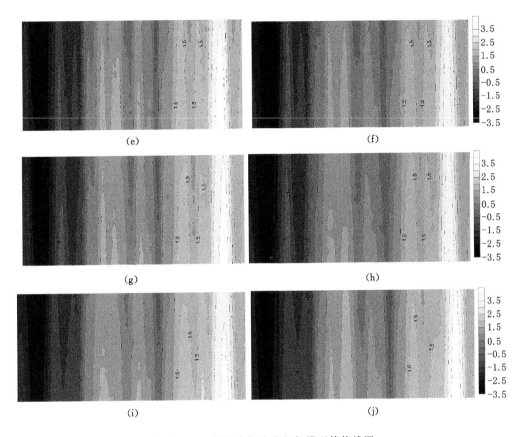

续图 4-34　微裂隙粗砂岩相似模型等值线图
(e) 微裂隙粗砂岩相似模型 S5；(f) 微裂隙粗砂岩相似模型 S6；
(g) 微裂隙粗砂岩相似模型 S7；(h) 微裂隙粗砂岩相似模型 S8；
(i) 微裂隙粗砂岩相似模型 S9；(j) 微裂隙粗砂岩相似模型 S10

　　同一批岩样，分别根据式(4-8)计算出 JRC^{3D}，基于微裂隙三维粗糙度表征程序及式(4-5)得出 JRI，微裂隙三维粗糙度表征程序参数设置如表 4-10 所示，其中扫描间距根据每组裂隙面三维坐标数据的最小间距来确定(参考图 4-15)，最终获得结果见表 4-11 及图 4-35。计算结果显示 JRC^{3D} 在 1~9 范围内，而 JRI 波动范围为 0.129 3~0.232 8，微裂隙粗糙度指标 JRI 与三维粗糙度系数 JRC^{3D} 整体上呈反比关系。因此，JRI 实际反映的是岩体微裂隙表面的粗糙程度，JRI 值越小表明表面越粗糙。两者数据进行数学拟合，拟合公式为：

$$JRC^{3D} = -55.55JRI + 15.38 \tag{4-9}$$

表 4-10　　　　　　　　微裂隙粗砂岩相似模型三维粗糙度参数模拟参数

裂隙类型	光照类型	垂直角/(°)	水平角/(°)	裂隙尺寸/mm×mm	扫描间距/mm
粗砂岩微裂隙面	平行光	0	90	200×100	2.0~5.6

表 4-11   **微裂隙粗砂岩相似模型粗糙度参数、JRI 值、JRC^{3D} 平均值结果**

微裂隙编号	扫描间距/mm	平均正向渗流抵抗角/(°)	起伏分布参数	渗流抵抗面积百分比	JRI 值	JRC^{3D} 平均值
S1	2.0	60.63	1.049 2	0.142 3	0.129 3	8.37
S2	2.4	59.36	1.054 5	0.152 0	0.136 7	7.76
S3	2.8	57.71	1.061 6	0.171 8	0.152 4	7.11
S4	3.2	55.80	1.052 8	0.186 2	0.168 0	5.92
S5	3.6	54.63	1.058 8	0.192 9	0.172 1	5.65
S6	4.0	50.75	1.072 9	0.241 8	0.210 1	4.03
S7	4.4	53.29	1.066 7	0.212 7	0.186 9	4.71
S8	4.8	48.63	1.062 8	0.262 9	0.232 8	2.02
S9	5.2	49.68	1.091 7	0.267 2	0.224 2	2.75
S10	5.6	48.71	1.069 3	0.262 7	0.229 8	2.83

    为了进一步验证该微裂隙粗糙度指标 JRI 估算式(4-5)的准确性,将扫描间距为 2.0 mm、2.4 mm、2.8 mm、3.2 mm、3.6 mm、4.0 mm 的 6 组微裂隙细砂岩相似模型的裂隙面数据代入式(4-5)和式(4-9)进行计算,并与式(4-8)所得结果进行对比,结果如图 4-36 所示。式(4-8)所得 JRC^{3D} 分别为 7.07、6.69、5.99、5.23、4.25、3.38,而本书提出的式(4-9)估算的 JRC^{3D} 分别为 6.82、6.96、6.29、5.26、4.38、3.50。基于 JRI 得出的 JRC^{3D} 值误差均控制在 5% 以下,取得良好效果。

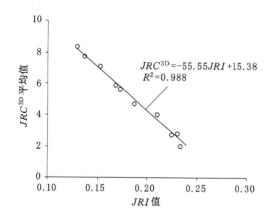

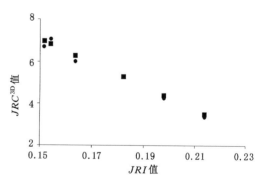

图 4-35 JRC^{3D} 平均值和 JRI 值的关系   图 4-36   对比式(4-8)和式(4-9)计算得到的 JRC^{3D}

    为了将微裂隙粗糙度指标 JRI 推广,基于 4.3 节双因素作用下微裂隙细砂岩相似模型三维粗糙度参数的演化规律,利用式(4-5)和式(4-9)获得双因素作用下微裂隙细砂岩相似模型三维粗糙度系数 JRC 的演化规律如图 4-37 所示。

    基于图 4-31 至图 4-33 的三维粗糙度参数演化特征,对图 4-37 进行分析可知,微裂隙细砂岩相似模型三维粗糙度系数 JRC 是平均正向渗流抵抗角、起伏分布参数及抵抗渗流面积百分比三者共同作用的结果。通过比较三维粗糙度参数演化特征与 JRC 演化规律的相似程度,可以发现,平均正向渗流抵抗角对各向异性、尺寸效应因素共同作用下的微裂隙三维粗糙度系数

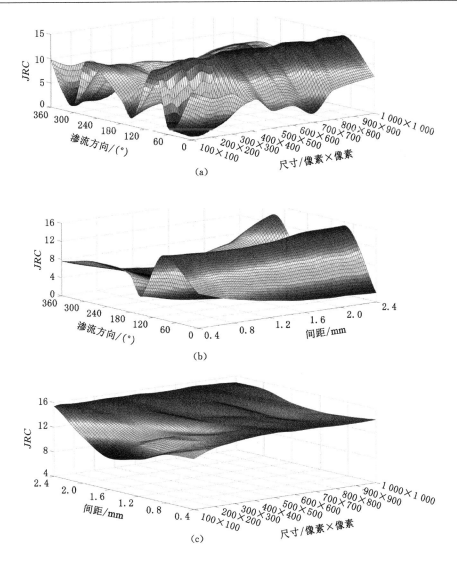

图 4-37　双因素作用下微裂隙细砂岩相似模型三维粗糙度系数 JRC 的演化规律

(a) 考虑各向异性、尺寸效应因素条件下的微裂隙三维粗糙度系数 JRC；

(b) 考虑各向异性、间距效应因素条件下的微裂隙三维粗糙度系数 JRC；

(c) 考虑尺寸效应、间距效应因素条件下的微裂隙三维粗糙度系数 JRC

JRC 贡献最大，此时可以认为平均正向渗流抵抗角为优势参数；抵抗渗流面积百分比对尺寸效应、间距效应因素共同作用下的微裂隙三维粗糙度系数 JRC 贡献最大；平均正向渗流抵抗角、起伏分布参数、抵抗渗流面积百分比 3 个因素对各向异性、间距效应因素共同作用下的微裂隙三维粗糙度系数 JRC 贡献较为均一，并不存在明显的优势参数。考虑各向异性、间距效应因素条件下的微裂隙三维粗糙度系数 JRC 在渗流方向为 90°和 270°时随着扫描间距的增大而逐渐增大，当渗流方向为 270°，扫描间距由 1.6 mm 增至 2.4 mm 的过程中，三维粗糙度系数 JRC 上升趋势较为剧烈。随着渗流方向的改变，三维粗糙度系数 JRC 呈现显著的各向异性特征，在不同扫描间距的情况下，渗流方向为 120°时，JRC 均处于峰值状态。考虑各向异性、尺寸效应因素共同作用及尺寸效应、间距效应因素共同作用的微裂隙三维粗糙度系数 JRC 演化规律与优势参数演化规律大致相同,在此不进行重复分析。

综上所述,通过建立微裂隙粗糙度指标 JRI 与微裂隙粗糙度系数 JRC 之间的拟合关系,对微裂隙细砂岩相似模型三维粗糙度系数进行分析,微裂隙粗糙度系数 JRC 的演化规律与三维粗糙度参数演化特征密切相关。不同因素作用下平均正向渗流抵抗角、起伏分布参数、抵抗渗流面积百分比三者对 JRC 结果的贡献大小也不一致。而在外在影响因素来看,选择不同的渗流方向、扫描间距、分析尺寸获得的 JRC 结果差异性很大。因此在对微裂隙面进行粗糙度评价时在保证扫描精度的前提下,要明确三维粗糙度的垂直角、水平角、渗流方向、分析尺寸等因素,每种因素的调整均会对最终结果产生很大的影响。

4.5 本章小结

本章在对微裂隙粗糙度的几何特征进行描述的基础上提出了利用光源模拟技术、三维离散点云数据处理技术来表征粗糙度的新方法,并利用 Python 编程语言及 MATLAB 软件开发了微裂隙三维粗糙度表征程序;对三个主要粗糙度参数开展了单因素及双因素分析,最终提出了一种微裂隙粗糙度指标 JRI,拟合出了 JRI 与 JRC 之间的关系表达式,并且进行了推广。主要研究结论如下:

(1)对微裂隙粗糙度的几何特征进行分析,讨论了微裂隙表面的砂砾分布特征。面向渗流方向的微小平面对渗流过程产生了明显的阻碍作用,而背向渗流方向的微小平面并未阻碍渗流过程的进行。当砂砾直径与裂隙开度相比,砂砾可以忽略不计时,砂砾颗粒表面形态对整体渗流规律影响作用不大;当砂砾直径与裂隙开度相近时,砂砾颗粒形态对所有区域流体流动规律均可能产生影响。

(2)基于粗糙度对微裂隙渗流的影响作用,本书提出一种利用光源模拟技术、三维离散点云数据处理技术来表征粗糙度的新方法,通过三维模型建立、模型离散、光源模拟、灰度—角度转换、灰度统计、数据分析等流程,最终获得裂隙表面所有的起伏角度及其面积统计,并在此基础上采用 Python 语言开发出微裂隙三维粗糙度表征程序。

(3)在国内外研究的基础上,总结了微裂隙粗糙度主要形貌参数,即平均正向渗流抵抗角 $\bar{\theta}^+$、起伏分布参数 α、抵抗渗流面积百分比 S_{PRA} 的基本特征,并分析了各向异性、尺寸效应、间距效应单因素及双因素作用下粗糙度参数演化规律。结果表明,粗糙度参数是在多因素共同作用下的变量,采用双因素分析更有助于全面了解粗糙度参数特征。

(4)三维粗糙度参数在各向异性、尺寸效应、间隔效应的作用下比二维粗糙度参数呈现更加复杂的规律,分析了在各向异性、尺寸效应、间距效应组成的双因素共同作用下,各因素对三维粗糙度参数结果的贡献。

(5)基于对微裂隙粗糙度参数的讨论,提出一个微裂隙粗糙度指标 JRI,构建了岩体微裂隙三维粗糙度系数 JRC 与 JRI 之间的关系表达式,JRI 与三维粗糙度系数 JRC 整体上成反比关系,该关系表达式其实际应用效果良好。通过建立微裂隙粗糙度指标 JRI 与微裂隙粗糙度系数 JRC 之间的拟合关系,对微裂隙细砂岩相似模型三维粗糙度系数 JRC 进行分析,讨论了在各向异性、尺寸效应、间距效应组成的双因素作用下平均正向渗流抵抗角、起伏分布参数、抵抗渗流面积百分比 3 个参数对微裂隙三维粗糙度系数 JRC 结果的贡献。

5 砂岩微裂隙渗流机理试验及数值模拟研究

目前国内外学者对裂隙岩体渗流特性的研究主要有两种技术手段:开展岩样的室内渗流试验和数值模拟。本章基于研发的微裂隙三轴应力渗流机理模型试验系统对具有一定粗糙度的微裂隙渗流过程开展研究,分析了不同粗糙度条件下微裂隙的变形特性及渗流特性,揭示了深井砂岩微裂隙渗流机理,对推动矿井建设乃至隧道工程、水利工程中水害问题的解决具有十分重要的意义。

5.1 微裂隙三轴应力渗流机理模型试验系统研发

微裂隙的渗流机理通过试验方法难以实现,其根本原因在于:微裂隙开度非常微小,传统的监测装置无法满足其精度要求。核磁共振、CT 扫描等大型先进检测设备也很难直接观测微米级裂隙的动态变化过程,导致微裂隙的整个渗流过程无法实时监测。并且微裂隙在高压条件下的渗流试验对设备要求较高,要想达到既保证能稳定渗流,又使装置密闭不漏水的目标存在巨大的挑战。因此,研制一种在三轴应力条件下微裂隙渗流过程中可实时动态监测微裂隙表面的应变变化规律的试验系统是十分必要的。

通过设计研发微裂隙三轴应力渗流机理模型试验系统,以此获取微裂隙在不同三轴应力条件下裂隙表面不同位置处的应变,并对整个渗流过程进行实时动态监测,对微裂隙渗流演化机理的构建及深井围压微裂隙渗水问题的解决具有理论价值与指导意义。

5.1.1 微裂隙三轴应力渗流机理模型试验系统主体设计

煤矿深井井筒穿过的岩层,大部分为富含水且层理与节理裂隙发育的沉积砂岩。处在含水层与井筒之间的沉积砂岩是保护层岩体,其受力状态如图 5-1 所示。

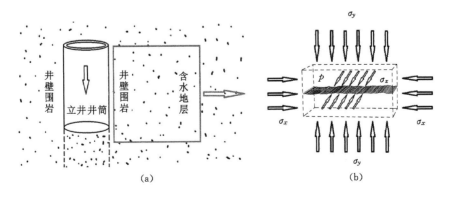

图 5-1 岩体受力特征示意图

以图 5-1 中岩体单元作为研究对象,研发微裂隙三轴应力渗流机理模型试验系统,实现在高轴压、高围压条件下对岩体微裂隙渗流过程的动态实时监测,微裂隙三轴应力渗流机理模型试验系统主要技术指标如下:

(1) 渗流试块尺寸:300 mm×100 mm×100 mm;

(2) 最大围压:60 MPa;

(3) 最大轴向压力:60 MPa;

(4) 最大渗流压力:30 MPa;

(5) 围压、轴压、渗流压力测量精度:±2%;

(6) 加载速率:0.001~0.5 MPa/s。

微裂隙三轴应力渗流机理模型试验系统示意图、整体外观如图 5-2 和图 5-3 所示。

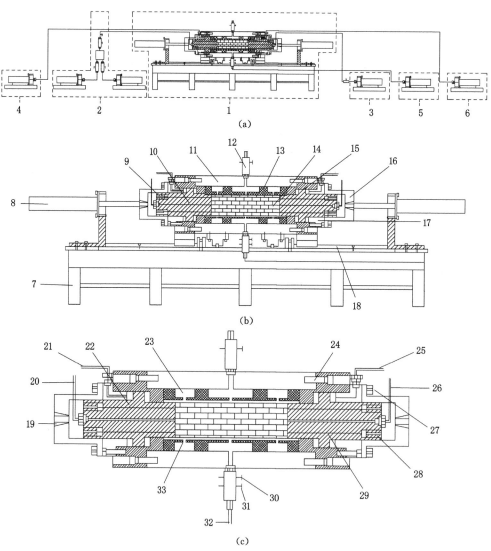

图 5-2　微裂隙三轴应力渗流机理模型试验系统示意图

(a) 微裂隙三轴应力渗流机理模型试验系统;(b) 微裂隙三轴应力渗流试验平台;

(c) 微裂隙三轴应力渗流试验密封装置;

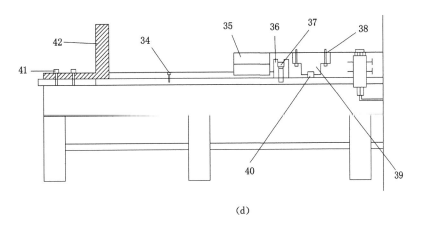

(d)

续图 5-2 微裂隙三轴应力渗流机理模型试验系统示意图
(d) 微裂隙三轴应力渗流试验支撑平台

图 5-3 微裂隙三轴应力渗流机理模型试验系统外观

图 5-2 中,1——微裂隙三轴应力渗流试验平台,2——微裂隙三轴应力渗流注入系统,3——排液泵,4——一号轴压进液泵,5——围压油泵,6——二号轴压进液泵,7——微裂隙三轴应力渗流试验支撑平台,8——拉动工程油缸,9——一号光纤光栅传感器接线柱,10——端面加载活塞,11——压力室筒,12——排气阀,13——试样密封套支架,14——试验试样,15——轴压密封油缸,16——拉动工程油缸盖板,17——轴压密封油缸盖,18——端面加载活塞移动导轨,19——拉动工程油缸端部接口,20——流体进液管,21——一号轴压进油管,22——一号光纤光栅传感器通讯通道,23——试样密封套支架腔体,24——轴压密封油缸紧固螺母,25——二号轴压进油管,26——流体出液管,27——油缸盖及盖板紧固螺母,28——二号光纤光栅传感器接线柱,29——二号光纤光栅传感器通讯通道,30——围压进油控制阀,31——围压出油控制阀,32——围压进出油管,33——试样密封套支架垂直通道,34——导轨限位螺母,35——端面加载活塞导向滑动装置,36——导轨端部固定槽体,37——导轨端部固定螺母,38——压力室筒导向滑动装置固定螺母,39——压力室筒导向滑动装置,40——压力室移动直线导轨,41——拉动工程油缸支撑架固定螺母,42——拉动工程油缸支撑架。

微裂隙三轴应力渗流机理模型试验系统主要由微裂隙三轴应力渗流试验平台、渗流注入系统、排液泵、一号轴压进液泵、围压油泵、二号轴压进液泵组成。其中,渗流注入系统、排液泵、一号轴压进液泵、围压油泵、二号轴压进液泵均与微裂隙三轴应力渗流试验平台连接。具体的连接关系为：微裂隙三轴应力渗流试验平台与渗流注入系统通过一号轴压进油管连接，与排液泵通过流体出液管连接，与一号轴压进液泵通过一号轴压进油管连接，与围压油泵通过围压进出油管连接，与二号轴压进液泵通过二号轴压进油管连接，一号轴压进油管、流体出液管以及二号轴压进油管的管道端口均设置有螺纹，通过螺纹与微裂隙三轴应力渗流试验平台连接。

微裂隙三轴应力渗流试验平台如图 5-4 所示，包括微裂隙三轴应力渗流试验密封装置、微裂隙三轴应力渗流试验支撑平台和拉动工程油缸。微裂隙三轴应力渗流试验密封装置通过压力室筒导向滑动装置与微裂隙三轴应力渗流试验支撑平台的压力室移动直线导轨搭接，微裂隙三轴应力渗流试验密封装置可在微裂隙三轴应力渗流试验支撑平台上面前后滑动。拉动工程油缸通过拉动工程油缸端部接口的螺纹与微裂隙三轴应力渗流试验密封装置连接。

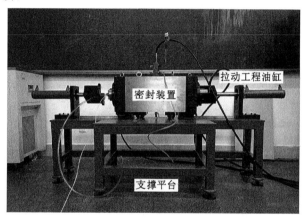

图 5-4　微裂隙三轴应力渗流试验平台

微裂隙三轴应力渗流试验密封装置由压力室筒、试验试样、试样密封套、端面加载活塞、轴压密封油缸、轴压密封油缸盖、拉动工程油缸盖板、排气阀、围压进油控制阀和围压出油控制阀组成，其实物图如图 5-5 所示。

（a）　　　　　　　　　　（b）　　　　　　　　　　（c）

图 5-5　试验密封装置
（a）压力室筒；（b）试样密封套；（c）拉动工程油缸盖板

试样密封套嵌入压力室筒内，可承受的极限压力为 60 MPa。端面加载活塞嵌入压力室筒内,通过轴压密封油缸,轴压密封油缸盖固定其位置。轴压密封油缸嵌在压力室筒内,通过轴压密封油缸紧固螺母与压力室筒连接。轴压密封油缸盖嵌入轴压密封油缸与端面加载活塞之间的空腔,在轴压密封油缸盖外侧放置拉动工程油缸盖板,通过油缸盖及盖板紧固螺母将轴压密封油缸盖、拉动工程油缸盖板固定在轴压密封油缸上。在压力室筒上部中间位置设置排气阀,下部中间位置设置围压进油控制阀和围压出油控制阀。轴压密封油缸、端面加载活塞和轴压密封油缸盖之间形成的空腔为轴向液压油腔体。

微裂隙三轴应力渗流试验密封装置在左右两端分别设置两个光纤光栅传感器接线柱,并配套设置有四个光纤光栅传感器通讯通道(简称通讯通道),光纤光栅传感器接线柱可以承受的极限压力为 60 MPa,光纤光栅传感器通讯通道为圆柱形,直径为 14 mm,如图 5-6 所示。

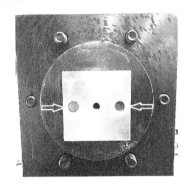

图 5-6 通讯通道

微裂隙三轴应力渗流试验支撑平台(简称支撑平台)包括微裂隙三轴应力渗流试验支撑架、拉动工程油缸支撑架、压力室移动直线导轨、端面加载活塞移动导轨、端面加载活塞导向滑动装置和压力室筒导向滑动装置,具体结构如图 5-7 所示。拉动工程油缸支撑架通过拉动工程油缸支撑架固定螺母与微裂隙三轴应力渗流试验支撑架连接。端面加载活塞移动导轨中分别设置导轨限位螺母和导轨端部固定槽体,导轨端部固定槽体通过导轨端部固定螺母固定在端面加载活塞移动导轨上。压力室筒导向滑动装置上部通过压力室筒导向滑动装置固定螺母与压力室筒连接,下部嵌在压力室移动直线导轨上,可前后滑动。端面加载活塞导向滑动装置上部通过焊接与压力室筒连接,下部嵌在端面加载活塞移动导轨上,可左右滑动。

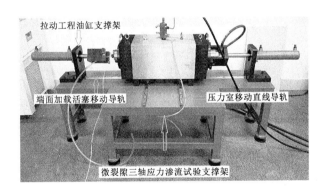

图 5-7　支撑平台

微裂隙三轴应力渗流注入系统由注浆泵和注水泵组成。注浆泵、注水泵容量均为1 L,加载方式为伺服液压加载,所能加载的最大压力为 30 MPa。一号轴压进液泵、围压油泵、二号轴压进液泵均为伺服液压加载,所能加载的最大压力为 60 MPa。

5.1.2　光纤光栅传感器在三轴应力渗流机理模型试验中的应用

通过对深井砂岩的矿物成分分析可知,砂岩的主要成分为 SiO_2,分析对裂隙表面应变的监测方法,国内外大部分研究采用金属类传感器进行测量,但金属传感器的埋设破坏了微裂隙岩体的整体性,并且金属传感器材料属性与砂岩差异性较大,并不会与砂岩发生协调变形。因此为解决上述问题,本书在查阅大量文献的基础上,选择采用光纤光栅传感器对渗流过程中裂隙表面的应变进行监测。

(1)光纤光栅传感器原理

光纤光栅传感器是利用光纤材料的光敏性制造的,属于波长调制型光纤传感器。光纤光栅传感器是通过外界物理参量对光纤布拉格波长的调制获取传感信息,可以实现对应变、温度等物理量的直接测量。

光源利用光纤射入的连续宽带光和光场产生模式耦合,进而将这个宽带光有选择性地返回对应频率的一个窄带光,并会按照原传输光纤返回,而剩下的宽带光几乎不受影响,会直接透射出去,工作原理如图5-8所示。

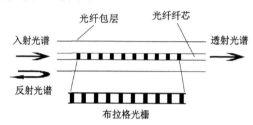

图 5-8　光纤光栅传感器结构及工作原理

一旦作用在传感器的应变或温度产生变化时,反射回来的窄带光中心的波长值会呈现线性变化趋势。借助这一功能,光纤光栅传感器便可以实现对应变或温度的测量。依据光纤耦合模理论,只有满足式(5-1)的光才能被反射回来:

$$\lambda_B = 2n_{eff}\Lambda \qquad (5-1)$$

式中　λ_B——光纤光栅传感器的反射光中心波长;

　　　n_{eff}——光纤纤芯的有效折射率;

　　　Λ——光栅周期。

当光纤光栅传感器发生应力或者温度变化,会导致有效折射率或者光栅周期发生变化,反射光中心波长值也会对应变化,用公式表示为:

$$\Delta\lambda_B = (1 - P_e)\Delta\varepsilon \cdot \lambda_B + (\alpha_f + \xi)\Delta T \cdot \lambda_B \qquad (5-2)$$

式中　$\Delta\lambda_B$——反射光中心波长值偏移量;

　　　P_e——光纤的有效弹光系数;

　　　$\Delta\varepsilon$——应变变化量;

　　　α_f——光纤的热膨胀系数;

　　　ξ——光纤的折射率温度系数;

　　　ΔT——温度的变化量。

由式(5-2)可知,当光栅发生应变或温度变化时,都会引起光纤光栅传感器波长发生偏移,从而在光栅的反射光谱中检测出该偏移量,然后将未受到激励的布拉格波长与发生改变的布拉格波长进行对比,来确定光栅的受激励程度,最后通过标定偏移量,得到不同测点上受到的应变值。

当不考虑温度变化时，$\Delta T=0$，则式(5-2)变为：

$$\Delta \lambda_{\mathrm{B}} = (1 - P_{\mathrm{e}}) \Delta \varepsilon \, \lambda_{\mathrm{B}} \tag{5-3}$$

式(5-2)反映了光纤光波中心波长变化量与应变变化量或温度变化量呈线性关系。本试验研究严格控制渗流过程中水的温度为 20 ℃，温度变化基本可以忽略，而且渗流试验时间相对较短，主要考察外界荷载及水压力对裂隙表面产生的应变变化。

根据微裂隙三轴应力渗流机理模型试验系统的特性，结合微裂隙渗流演化机理的要求，设计了配合本次试验使用的光纤光栅传感器，其设计图及实物图如图 5-9 所示。光纤光栅传感器共设计 5 个测点，每个测点间隔 20 mm，在微裂隙内部采用裸纤进行监测，为了对光纤进行保护，外部连接部分采用铠装光缆保护。

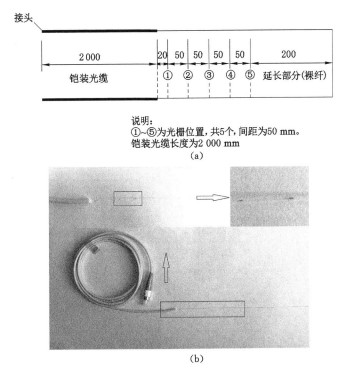

图 5-9　光纤光栅传感器设计图及实物图
（a）光纤光栅传感器设计图；（b）光纤光栅传感器实物图

（2）光纤光栅传感解调仪

试验采用美国 Micron Optics 公司生产的 sm130 型光纤光栅传感解调仪。该解调仪是基于 x30 解调模块核心研制的，内部设置大功率的高速扫描激光光源，可以提供高速采集频率，具有波长可重复性好和解调频率、分辨率高的突出优点，能够同时测量静态和动态光纤光栅传感器。光纤光栅解调仪的结构、光波功率及工作原理如图 5-10 所示。

对监测软件进行简单开发，将式(5-3)嵌入监测软件中，可直接提取裂隙表面不同测点光纤光栅传感器的光波波长及应变值。

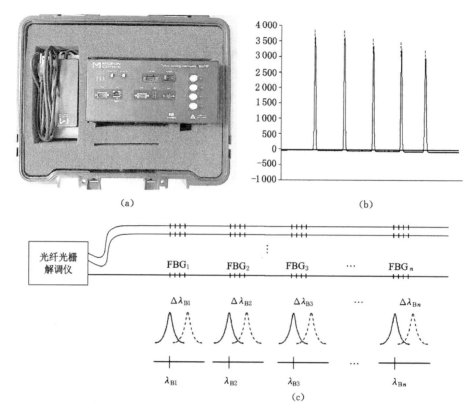

图 5-10　光纤光栅解调仪结构及工作原理

（a）光纤光栅解调仪结构；（b）光纤光栅传感器光波功率图；

（c）光纤光栅解调仪工作原理

5.2　砂岩微裂隙渗流试验方案

5.2.1　微裂隙渗流试块的制备

根据深井砂岩的物理力学性质，细砂岩相比于粗砂岩、中砂岩更为致密且稳定性、均质性更高，为避免因为材料的各向异性对渗流试验引起的误差，本书选择具有代表性的细砂岩相似材料来进行制备。渗流试块制备分为两部分：微裂隙面岩样的制备和渗流试验试块合成。微裂隙面岩样由尺寸为长 300 mm×50 mm×50 mm 的一对可以完成吻合裂隙面构成，最终将其浇筑为一块完整的 300 mm×100 mm×100 mm 渗流试块，其制备过程可以主要包括以下方面：

根据第 3 章制备微裂隙岩样的方法，准备好若干组微裂隙面岩样，将岩样养护 7 d 后，利用数控切割工艺在微裂隙面设置宽度和深度均为 0.2 mm 的光纤槽，如图 5-11 所示。

然后，使用棉布蘸取浓度 75% 的酒精，将微裂隙面的表面及光纤槽擦拭干净，并使光纤与光纤槽底部紧密接触，然后沿光纤槽均匀涂抹黏结剂固定光纤光栅传感器，如图 5-12 所示。为保证光纤光栅传感器的粘贴效果，所采用的黏结剂应具备常温固化耐高温贴片胶，固化速度快，黏结性强，蠕变、滞后较小，使用温度范围广，自然固化快等特性。

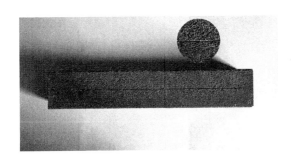

图 5-11　微裂隙表面开槽

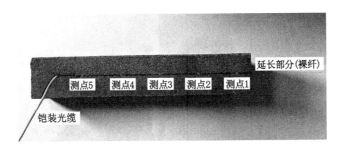

图 5-12　光纤光栅传感器固定及测点布置

最后,待胶完全固化后,去除光纤光栅传感器的延长部分,再沿光纤槽均匀涂抹少量黏结剂保护光纤,增强其防水、防腐性能。

为保证渗流试验过程中水仅能沿图 5-12 所示微裂隙面表面渗流,需要将微裂隙面岩样合成一块完整的 300 mm×100 mm×100 mm 渗流试块,主要流程包括以下两个方面:

(1) 在两块可完全吻合且具备相同粗糙度的微裂隙面岩样表面两端垫一层厚度为 100 μm 钢片,并在岩样侧面涂抹柔性防水胶密封避免浇筑时造成的裂隙堵塞,如图 5-13 所示。

图 5-13　微裂隙试块密封

(2) 将试块放入渗流试验模具中,然后按配比浇筑同样相似材料,24 h 后拆模并放入养护箱养护 28 d,最后在渗流试块内预制一条长为 300 mm,宽为 50 mm,开度为 100 μm 具有不同粗糙特征的微裂隙,如图 5-14 所示。

5.2.2　具体渗流试验方案

含预制裂隙的细砂岩相似模型试样养护完成之后,首先需要对试样进行预处理,将试样放入 20 ℃纯净水中浸泡 12 h 后取出开展渗流试验,其主要目的在于使试样处于自然饱和

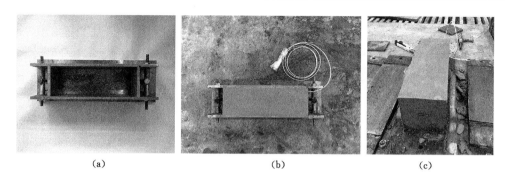

图 5-14　渗流试块制备

(a)渗流试块模具;(b)渗流试块合成;(c)拆模

状态,有助于提高渗流试验的效率。然后开启压力室筒,将试样放入其中间位置,保证左右两端轴压同时均匀加载。将光纤连接线从预留通讯通道中引出,并闭合压力室筒。下一步开始调试渗流平台,将轴压、围压、水压连接线与渗流平台对接。渗流平台准备完毕后,开始调试光纤光栅解调仪及压力控制系统,开始施加荷载进行渗流试验。其中微裂隙细砂岩相似模型渗流试件加载方向、测点布置及监测过程如图 5-15 所示,共布置 5 个测点,相邻测点间距为 50 mm。试验完成后,将压力室筒打开,取出渗流试块,完成试验,主要试验步骤如图 5-15 所示。为排除温度对光纤光栅传感器的影响,保证整个试验过程采用恒定 20 ℃的纯净水进行渗流,假设流体密度为 1 000 kg/m³,且为黏性的、不可压缩的液体。

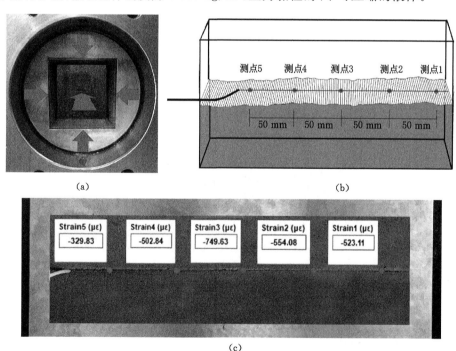

图 5-15　微裂隙细砂岩相似模型渗流试件加载方向、测点布置及监测过程

(a)加载示意图;(b)测点布置三维模型图;(c)渗流过程监测模型图

　　微裂隙砂岩相似模型试样渗流试验过程中,流体通过水压加载系统的进水集合管注入压力室筒,进而传递至裂隙内部,其中水压加载系统由全数字控制器和伺服电机等部件构成,可以保证水箱中能够提供连续不断的恒压水头。根据微裂隙三轴应力渗流模型试验系统的工作原理,试验过程中加载在渗流试块上的轴压、围压均大于进水口水压力,进而保证了水仅能沿裂隙表面进行渗流,渗流试样的其他边界可以认为是不透水的。

　　试验中,裂隙表面的5个测点由光纤光栅传感器实时监测,对于　个特定的边界荷载和进水口水压力条件,当光纤光栅解调仪呈现的光波能量相对稳定且波动较小时,就可以获取这一加载条件下裂隙表面的5个测点应变,当渗流稳定后取每个测点60 s渗流过程的应变平均值作为该测点的应变值。试验过程中,采用压力控制系统中的渗流模块的流量监测器对渗流过程中的流量进行实时监测,并且出水口处的流体通过导管引入储水容器中可实现循环利用。

　　微裂隙砂岩相似模型试样渗流试验主要流程如图5-16所示。

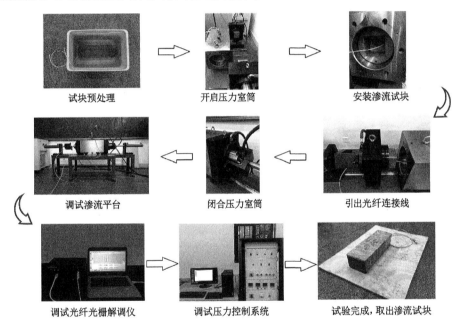

图 5-16　微裂隙砂岩相似模型试样渗流试验主要流程

　　基于深井砂岩微裂隙在工程实践中所处应力场及渗流场环境,并结合微裂隙砂岩相似材料的损伤本构模型,在微裂隙砂岩相似模型渗流试验中施加荷载的主要过程如下:

　　(1)渗流平台安装调试完成后,首先施加0.5 MPa的轴压对试件进行预压,然后继续轴压、围压开始依次逐步增加0.5 MPa,直至轴压到达10.0 MPa,围压到达4.0 MPa。

　　(2)开始施加1.0 MPa的进水口水压力,当渗流稳定后,开始逐级增加围压,间隔为1 MPa,直至10.0 MPa。每增加一级围压后,待各测点应变值稳定后再施加下一级围压,从而研究相同水压力条件下不同侧压力系数对微裂隙砂岩相似模型渗流规律的影响。

　　(3)保持轴压为10.0 MPa,当围压到达10.0 MPa后保持围压恒定,逐级增加水压力,间隔为1 MPa,直至8.0 MPa。每增加一级水压力后,待各测点应变值稳定后再施加下一级水压力,从而来研究相同侧压力系数条件下不同水压力对微裂隙砂岩相似模型渗流规律的影响。

（4）在试验过程中,采用光纤光栅解调仪对微裂隙中各测点的应变值进行实时监测,并采用压力控制系统对轴压、围压、水压力的加载过程进行实时监测。整个试验加载流程如图 5-17 所示。

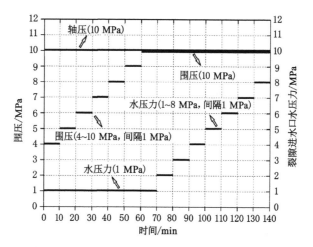

图 5-17　微裂隙砂岩相似模型渗流试验加载示意图

5.3　不同粗糙度微裂隙砂岩相似模型渗流试验结果及讨论

5.3.1　不同粗糙度条件下微裂隙的变形特性

为排除前期加载条件、温度差异等因素对光纤光栅传感器的影响,在保持轴压 10 MPa、水压力 1 MPa 不变时,以围压 4 MPa 为基点,随着围压的增加记录光纤光栅传感器的应变增量;在保持轴压 10 MPa、围压 10 MPa 不变时,以水压力 1 MPa 为基点,随着水压力的增加记录光纤光栅传感器的应变增量。最终根据微裂隙砂岩相似模型渗流试验获取不同粗糙度微裂隙砂岩相似模型在不同围压、水压条件下 5 个测点的应变值如图 5-18 至图 5-20 所示。

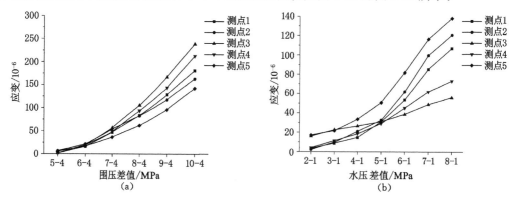

图 5-18　$JRC=0\sim2$ 时微裂隙的变形特性

（a）不同围压差值条件下各测点应变值;（b）不同水压差值条件下各测点应变值

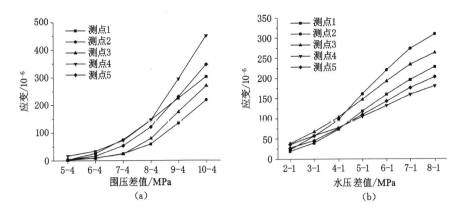

图 5-19　$JRC=4\sim6$ 时微裂隙的变形特性
（a）不同围压差值条件下各测点应变值；（b）不同水压差值条件下各测点应变值

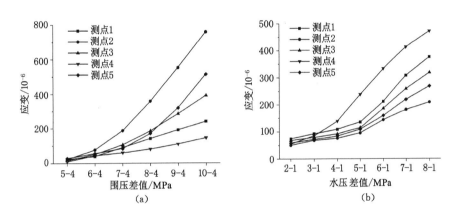

图 5-20　$JRC=10\sim12$ 时微裂隙的变形特性
（a）不同围压差值条件下各测点应变值；（b）不同水压差值条件下各测点应变值

由图 5-18（a）、图 5-19（a）、图 5-20（a）分析可知，当轴压为 10 MPa、水压力为 1 MPa 不变时，以围压 4 MPa 为基点，随着围压的增加，5 个测点的应变值逐渐增大，其增长趋势近似于二次抛物线形式。当 $JRC=0\sim2$、围压为 10 MPa 时，测点 3 的应变值最大，结果为 2.39×10^{-4}；当 $JRC=4\sim6$、围压为 10 MPa 时，测点 4 的应变值最大，结果为 4.50×10^{-4}；当 $JRC=10\sim12$、围压为 10 MPa 时，测点 2 的应变值最大，结果为 7.58×10^{-4}。由应变值结果不难发现，3 种 JRC 条件下，5 个测点最大应变值排序并不统一，这是由于裂隙面并非完全吻合，不同位置接触程度不同产生的结果。

由图 5-18（b）、图 5-19（b）、图 5-20（b）分析可知，当轴压为 10 MPa、围压为 10 MPa 不变时，以水压力 1 MPa 为基点，随着水压力的增加，5 个测点的应变值逐渐增大，其增长幅度前期较慢，后期较快。当进水口水压力逐渐增大时，水压力继续压缩裂隙表面变形，其应变值逐渐增大，本书将该现象称为"扩缝效应"。由于裂隙面接触程度不同，压密程度也不同，当水压力较小时，应变变化规律并不明显；随着水压力的增大，一部分压密的裂隙会逐渐打开，裂隙内部渗流场会重新分布，5 个测点的应变呈现急剧增长趋势。图 5-18（b）、图 5-19（b）、图 5-20（b）中 5 个测点的在水压为 8 MPa 时的应变值大小排序与图 5-18（a）、图 5-19（a）、

图 5-20(a)中 5 个测点的在围压为 10 MPa 时的应变值大小排序正好相反,究其原因,这是由于图 5-18(a)、图 5-19(a)、图 5-20(a)中应变值较大的测点上下裂隙面已经发生接触或者压密程度较高导致其隙宽较小,渗流过程中流体选择优势路径通过,则导致应变值较大的测点水流量较小,导致其扩缝效应较低。

5.3.2 不同粗糙度条件下微裂隙的渗流特性

不同粗糙度条件下微裂隙渗流试验中体积流速与进水口水压力之间的变化特征如图 5-21 所示。由图 5-21 可以看出,体积流速与进水口水压力之间呈现非线性函数关系,随着进水口水压力的增加,体积流速也在逐渐增加,并且 JRC 越大,体积流速的增加趋势越显著。为进一步对渗流特性开展研究,引入水力梯度 J 参数进行分析,水力梯度 J 定义为试样入水口处和出水口处的水头差与试样左右边界之间垂直距离的比值,其计算公式如下:

$$J = \frac{\Delta P}{\rho g L} \tag{5-4}$$

其中　ρ——流体密度,kg/m³;

g——重力加速度,m/s²;

L——渗流试样左右边界之间的垂直距离,mm。

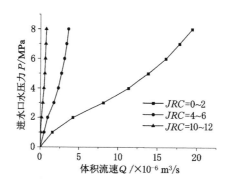

图 5-21　微裂隙细砂岩相似模型体积流速 Q 随进水口水压力 P 的变化特征

渗流试验过程中,假定微裂隙出水口处的水头为零,根据式(5-4)对图 5-21 中的数据可以获取不同粗糙度条件下微裂隙水力梯度 J 和体积流速 Q 之间的关系如图 5-22 所示。由图 5-22 不难发现,水力梯度 J 和体积流速 Q 之间呈现明显的非线性关系,此条件下的渗流过程不能采用线性的达西定律进行描述。1901 年 Forchheimer 采用零截距二次方程来描述裂隙的非线性流动特征[式(1-17)],该模型已经被广泛接受并使用。水力梯度 J 与压力梯度 ∇p 之间的关系表达式为:$J = \frac{\nabla p}{\rho g}$,由此可以看出两者呈线性相关,则式(5-4)可以改写为:

$$J = aQ + bQ^2 \tag{5-5}$$

式中,$a = -\rho g a'$;$b = -\rho g b'$。

根据式(5-5)对图 5-22 中的数据进行回归拟合分析,具体拟合曲线如图 5-22 所示,拟合参数见表 5-1。对于所有的渗流试验结果,拟合曲线中相关系数 R^2 均大于 0.98,由此表明试验结果与拟合曲线具有较好的吻合程度。

对图 5-22 分析可知：不同粗糙度条件下的微裂隙细砂岩相似模型，随着水力梯度的增加，体积流速沿渗流路径均表现为逐渐增大的趋势。在水力梯度由 $0(P=0\ \text{MPa})$ 增加到 $2\ 666.67(P=8\ \text{MPa})$ 的过程中，3 种粗糙度下微裂隙砂岩相似模型沿渗流路径体积流速分别增加至 $19.397\ 5\times 10^{-6}\ \text{m}^3/\text{s}(JRC=0\sim 2)$，$3.6104\times 10^{-6}\ \text{m}^3/\text{s}(JRC=4\sim 6)$，$0.736\ 3\times 10^{-6}\ \text{m}^2/\text{s}(JRC-10\sim 12)$。进一步分析可知，在相同体积流速的情况下，粗糙度较大的裂隙需要更大的水力比降，这与 Lomize、Louis、速宝玉的研究结果是一致的。

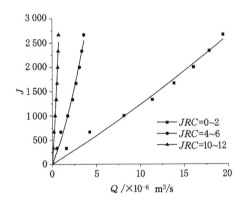

图 5-22 不同粗糙度条件下微裂隙水力梯度与体积流速之间的拟合示意图

表 5-1 渗流试验过程中 Forchheimer 函数非线性拟合方程中系数 a 和 b 及临界水力梯度 J_c

序号	围压/MPa	轴压/MPa	JRC	a	b	R^2	J_c
1	10	10	$0\sim 2$	1.05×10^6	1.12×10^8	0.987 6	33.53
2	10	10	$4\sim 6$	7.03×10^7	4.53×10^8	0.989 3	43.56
3	10	10	$10\sim 12$	1.11×10^9	2.60×10^9	0.983 6	225.64

然后针对不同粗糙度条件下拟合方程中线性和非线性系数 a 和 b 进行分析，并获得其变化特征如图 5-23 所示。

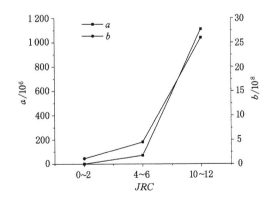

图 5-23 线性项和非线性项系数 a 和 b 随粗糙度的变化特征

由图 5-23 可以看出,随着裂隙面粗糙度的增加,系数 a 和 b 均表现逐渐增大的趋势。当 JRC 较小时,系数 a 和 b 呈现较缓增长趋势,$JRC=4\sim6$ 与 $JRC=0\sim2$ 相比,系数 a 增加了 65.95 倍,系数 b 增加了 3.04 倍。当 JRC 较大时,系数 a 和 b 呈现急剧增长趋势,$JRC=10\sim12$ 与 $JRC=0\sim2$ 相比,系数 a 增加了 1 056.14 倍,系数 b 增加了 22.21 倍。Forchheimer定律中 b' 表示非线性效应所引起的水压力降,由此表明,粗糙度系数越大,微裂隙渗流过程中非线性效应越显著。

为了定量评价岩石渗流过程中流体流动的非线性效应,大量研究引入比例系数 E 进行分析。

$$E = \frac{b'Q^2}{a'Q + b'Q^2} \tag{5-6}$$

在深井围岩微裂隙渗流过程中应对非线性项 $b'Q^2$ 进行重点分析,尤其是当非线性项所引起的压力降超过整个水压力梯度的 10% 时,许多学者定义比例系数 $E=0.1$ 所对应的压力梯度为裂隙岩体渗流的临界压力梯度 J_c。通过图 5-21 和图 5-22 数据结果,计算出不同粗糙度条件下的临界压力梯度 J_c,如表 5-1 所示,并绘制其变化特征图如图 5-24 所示。

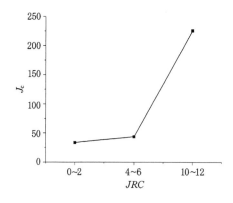

图 5-24   不同粗糙度条件下的临界压力梯度 J_c 变化特征图

由图 5-24 可以看出,临界压力梯度 J_c 随着裂隙面粗糙度的变化规律与系数 a、b 随粗糙度的变化规律相似,当 JRC 较小时,临界压力梯度 J_c 呈现较缓增长趋势,$JRC=4\sim6$ 与 $JRC=0\sim2$ 相比,临界压力梯度 J_c 增加了 0.30 倍。当 JRC 较大时,临界压力梯度 J_c 呈现急剧增长趋势,$JRC=10\sim12$ 与 $JRC=0\sim2$ 相比,临界压力梯度 J_c 增加了 5.73 倍。随着粗糙度的增加,等效水力隙宽 b_h 会显著降低,根据立方定律,较小的水力隙宽的变化将会导致较大的体积流速变化,这就直接影响了裂隙中流体的非线性行为。因此,随着粗糙度的增加,临界水力梯度 J_c 的增加幅度逐渐变大。

Izbash 定律在描述粗糙裂隙面非线性流动特征方面也发挥了重要作用[式(1-18)],被大量学者认可并推广。根据 Izbash 定律,定义 $\lambda'=-\lambda$,则 $\nabla P=\lambda'Q^m$。对不同粗糙度条件下体积流速 Q 与压力梯度 ∇P 之间的非线性关系进行回归拟合,具体拟合曲线如图 5-25 所示,其拟合参数如表 5-2 所示。从图中可以看出,用 Izbash 模型进行拟合的理论曲线与试验结果同样具有较好的吻合程度,所有拟合曲线的相关系数 R^2 均大于 0.96。

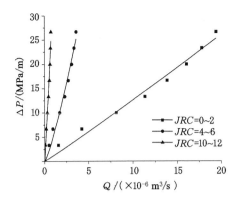

图 5-25 不同粗糙度条件下体积流速与压力梯度之间的 Izbash 函数拟合关系

表 5-2 不同试验条件下 **Izbash** 模型拟合函数中 λ' 和 m 的计算结果

序号	围压/MPa	轴压/MPa	JRC	λ'	m	R^2
1	10	10	0~2	1.13×10^6	1.05	0.979 2
2	10	10	4~6	5.16×10^6	1.23	0.978 4
3	10	10	10~12	3.98×10^7	1.35	0.969 8

针对不同粗糙度条件下 Izbash 拟合方程中系数 λ' 和 m 进行分析,并获得其变化特征如图 5-26 所示。

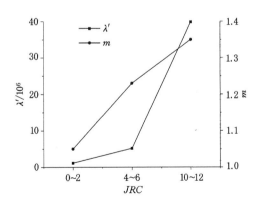

图 5-26 Izbash 拟合函数中系数 λ' 和 m 随粗糙度的变化特征

图 5-26 可以看出:随着粗糙度的增加,系数 λ' 与 Forchheimer 定律中的系数 a、b 的变化特征类似,均表现出:JRC 较小时增长缓慢,JRC 较大时急剧增长的趋势;在粗糙度 JRC 由 $4\sim6$ 增加至 $10\sim12$ 的过程中,系数 λ' 增大了 1 个数量级。但系数 m 基本与粗糙度系数 JRC 之间呈线性关系,增长幅度较为稳定。

5.4 粗糙度因素作用下的微裂隙渗流特征数值模拟

5.4.1 不同粗糙度影响因素作用下的微裂隙渗流计算模型

粗糙度作为影响微裂隙渗流的重要因素受到了国内外学者的广泛关注,并开展了大量理论、试验及数值模拟研究。

在达西定律适用性方面,Louis(1951)、Lomize(1974)、速宝玉等(1994)认为流体超过临界雷诺数 Re_c 便会进入非达西流状态,其临界雷诺数 Re_c 普遍认为为 1 800～3 000;鞠杨通过单裂隙试验发现,当水流雷诺数 Re 小于 1 800 时,裂隙结构越粗糙,渗流的惯性效应越小,层流效应越明显,其渗流特征越符合达西定律,为粗糙裂隙在低流速达西渗流规律的讨论奠定了基础。

在立方定律适用性方面,Romm(1996)对微裂隙和极微裂隙开展研究,提出只要裂隙开度大于 0.2 μm,立方定律总是成立的;立方定律是基于两块光滑平行板,且流体为层流的假定,由于岩体裂隙壁面的几何粗糙会引起流体的非线性流动,立方定律在描述岩体粗糙裂隙的非线性流动方面存在困难,至今还没有一个被广泛接受的粗糙裂隙非线性流动模型。基于上述问题,国内外采用的有效解决方法是:将粗糙裂隙离散成若干裂隙面光滑的等效几何模型,基于对光滑裂隙面的渗流规律分析来表征粗糙裂隙面的渗流机理,如图 5-27 所示,进而为立方定律在粗糙微裂隙局部区域的应用提供了解决方案。

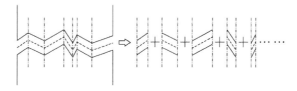

图 5-27 岩体粗糙裂隙离散示意图

基于上述理论,本节采用 COMSOL Multiphysics 数值仿真软件研究应力作用对离散的微裂隙岩体渗流行为的影响特征,即应力场通过改变裂隙水力隙宽来影响渗流场中裂隙渗流特性的变化。为了能够在同一平台上计算应力场和渗流场,本节采用有限元方法建立控制方程。

在建立数学模型时,采用以下基本假设:岩体基质是均质、各向同性、线弹性小变形的介质;渗流过程中上下两岩块之间不发生错动;岩体基质不透水且不发生裂纹扩展,流体只沿裂隙流动,其流动行为可用达西定律进行描述;在渗流过程中流体的密度和动力黏滞系数保持不变;不考虑流体在裂隙中流动的热效应及其压缩性。

本节建立具有不同粗糙度参数的离散微裂隙渗流模型,模型在应力场和渗流场下的力学响应采用岩块变形控制方程和裂隙渗流控制方程进行表征,以此研究微裂隙渗流特性的变化规律,参考文献[200]对该方法开展了较为详尽的描述,本书仅对岩块变形控制方程和裂隙渗流控制方程进行简要阐述。

(1)岩块变形控制方程

① 应力控制方程:

$$G \nabla^2 u_i + (\lambda + G) u_{j,jj} + f_i = 0 \qquad (5-7)$$

式中 ∇^2——拉普拉斯算子；

  λ, G——Lame 弹性常数；

  u——位移；

  f——体力。

② 裂隙面法向刚度：

$$k_n = \frac{\partial \sigma_{fne}}{\partial V_j} = k_{n0} \left(1 - \frac{\sigma_{fne}}{k_{n0} b_{m0} + \sigma_{fne}} \right)^{-2} \qquad (5-8)$$

式中 k_n——裂隙面法向刚度；

  σ_{fne}——裂隙面法向有效应力；

  k_{n0}——裂隙面初始法向刚度系数；

  b_{m0}——无应力状态下的裂隙初始宽度。

在法向应力作用下，裂隙面的隙宽 b_m 为：

$$b_m = b_{m0} - \Delta V_j \qquad (5-9)$$

式中 ΔV_j——裂隙面的闭合量。

（2）裂隙流控制方程

$$\rho g (b_h \beta_p + \delta_n) \frac{\partial P}{\partial t} + \frac{\partial}{\partial x_i} \left[T_{fi} \left(\frac{\partial P_i}{\partial x_i} + \rho g \frac{\partial Z_i}{\partial x_i} \right) \right] = 0 \qquad (5-10)$$

式中 ρ——流体密度；

  b_h——裂隙等效水力宽度；

  β_p——流体的压缩系数；

  δ_n——裂隙面法向柔度系数；

  T_{fi}——第 i 条裂隙的导水系数；

  t——时间。

假定裂隙的等效水力宽度 b_h 等于力学隙宽 b_m，并且满足立方定律，则裂隙面 i 的渗透系数为：

$$K_{fi} = \frac{\rho g \left[\dfrac{b_{m0}^2 k_{n0} + \sigma_{fne}(b_{m0} - 1)}{b_{m0} k_{n0} + \sigma_{fne}} \right]^2}{12\mu} \qquad (5-11)$$

导水系数为：

$$T_{fi} = K_{fi} b_{hi} = \frac{\rho g \left[\dfrac{b_{m0}^2 k_{n0} + \sigma_{fne}(b_{m0} - 1)}{b_{m0} k_{n0} + \sigma_{fne}} \right]^3}{12\mu} \qquad (5-12)$$

式中 μ——流体的动力黏滞系数；

  g——重力加速度。

为研究不同法向压力、进水压力、初始隙宽及粗糙度等因素对微裂隙渗流特性的影响规律，利用有限元软件 COMSOL Multiphysics 建立数值模型进行求解。模型尺寸大小为 1 m×2 m，边界条件及荷载设置：左、右和下边界均为固定约束；法向压力 q 作用在上边界，左、右边界分别设置进水压力 P_1 和出水压力 $P_0 = 0$ MPa。选择微裂隙细砂岩相似模型为研究对象，其他赋值参数如表 5-3 所示。

表 5-3 模型赋值参数

变量	取值	单位	描述
密度	2 299	kg/m³	基体(岩石)
弹性模量	18.17	GPa	
泊松比	0.324 0	1	
初始法向刚度	1e6	MPa/m	裂隙
初始裂隙宽度	d_0	mm	
进水压力	P_1	MPa	流体(水)
出水压力	0	MPa	
流体密度	1 000	kg/m³	
动力黏度	1×10^{-3}	Pa·s	
压缩系数	3×10^{-10}	1/Pa	

对于单裂隙渗流,雷诺数 Re 可以表示为:

$$Re = \frac{\rho Q}{\mu w} \tag{5-13}$$

$$Q = \frac{w \rho g d^3}{12 \mu} J \tag{5-14}$$

式中　Q——体积流速;

　　　ρ——流体密度;

　　　μ——流体动力黏滞系数;

　　　w——裂隙宽度;

　　　d——等效水力宽度;

　　　J——水力梯度。

在数值模拟过程中裂隙左右两侧最大水压差分别为 10.0 MPa,最小裂隙长度为 1 m,最大初始隙宽为 0.1 mm,因此需要判定数值模拟过程中所有工况条件下流体的层流假设是否成立。利用式(5-13)和式(5-14),结果得到模型在渗流过程中的最大雷诺数不超过 817,远小于临界雷诺数 $Re_c = 1\,800$,因此可以忽略非线性流动的影响。

(1) 粗糙度影响因素对微裂隙渗流特性的影响

为研究粗糙度影响因素对微裂隙渗流特性的影响规律,利用有限元软件 COMSOL Multiphysics 建立数值模型,边界条件及荷载设置:左、右和下边界均为固定约束,法向压力 $q = 10$ MPa 作用在上边界,左、右边界分别设置进水压力 $P_1 = 6$ MPa 和出水压力 $P_0 = 0$ MPa,裂隙初始宽度为 $d_0 = 0.1$ mm,模型其他赋值参数见表 5-3。以微裂隙细砂岩相似模型为研究对象,研究不同正向渗流抵抗角 θ^+、渗流方向对微裂隙渗流规律的影响。

根据第 4 章粗糙度参数的研究,正向渗流抵抗角 θ^+ 是影响裂隙粗糙度的重要因素,在一定程度上可以反映裂隙的粗糙程度。本着从简单到复杂的原则,本节以不同正向渗流抵抗角 θ^+ 的光滑单裂隙线性流动规律开展研究,5.4.2 节将以粗糙度对岩体微裂隙非线性流动的影响规律为研究重点开展进一步研究。

① 正向渗流抵抗角 θ^+。

为了研究正向渗流抵抗角 θ^+ 对微裂隙渗流特性的影响,本次模拟建立 7 种不同正向渗流抵抗角 θ^+ 的数值模型,如图 5-28 所示,模型尺寸为 1 m×2 m。

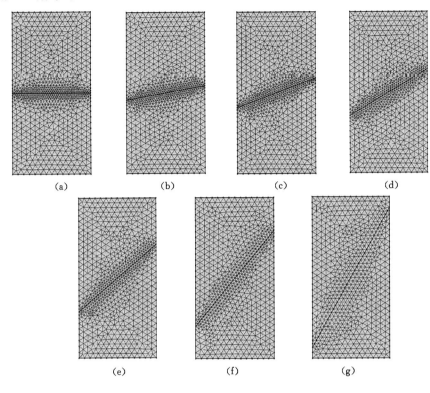

图 5-28　不同正向渗流抵抗角数值模型

(a) $\theta^+=0°$;(b) $\theta^+=10°$;(c) $\theta^+=20°$;(d) $\theta^+=30°$;

(e) $\theta^+=40°$;(f) $\theta^+=50°$;(g) $\theta^+=60°$

随着时间的增加,微裂隙平均隙宽、平均导水系数及平均有效应力随正向渗流抵抗角的变化曲线如图 5-29 所示。

由图 5-29(a)和图 5-29(b)可以看出,在不同正向渗流抵抗角的情况下,微裂隙平均隙宽随着时间的增加均呈现先增大后稳定的趋势。正向渗流抵抗角越大,其所达到稳定状态时所需的时间越长,处于渗流稳定状态下的平均隙宽随着正向渗流抵抗角的增加逐渐增大且呈现近似线性关系。渗流稳定时,正向渗流抵抗角 $\theta^+=0°$、$10°$、$20°$、$30°$、$40°$、$50°$、$60°$时对应的平均隙宽分别为 0.093 6 mm、0.093 7 mm、0.094 1 mm、0.094 7 mm、0.095 5 mm、0.096 3 mm、0.097 2 mm,但与初始隙宽 $d_0=0.1$ mm 相比均在减小,微裂隙处于压密状态。

图 5-29(c)、图 5-29(d)表明,微裂隙平均导水系数随时间及不同正向渗流抵抗角的变化总体趋势与微裂隙平均隙宽变化规律相似。随着时间的增加,微裂隙平均导水系数先增大后稳定;渗流稳定时,平均导水系数随着正向渗流抵抗角的增加逐渐增大,相比于 $\theta^+=0°$ 的情况,$\theta^+=60°$ 对应的平均导水系数增加 11.82%。

由图 5-29(e)、图 5-29(f)分析可知,随着时间的增加,微裂隙平均有效应力变化曲线均呈现先减小后趋于稳定的特征。处于渗流稳定状态下的平均有效应力随着正向渗流抵抗角的增加而减小,且其变化率逐渐趋于稳定。当正向渗流抵抗角为 60°,稳态时的平均有效应

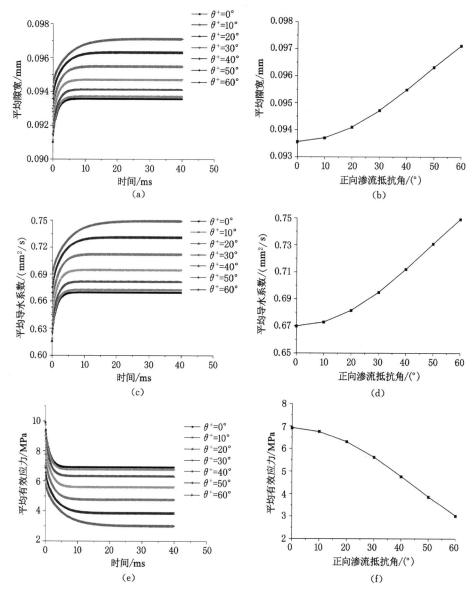

图 5-29　微裂隙平均隙宽、平均导水系数及平均有效应力随正向渗流抵抗角的变化曲线
(a) 平均隙宽随时间变化；(b) 平均隙宽随正向渗流抵抗角变化；
(c) 平均导水系数随时间变化；(d) 平均导水系数随正向渗流抵抗角变化；
(e) 平均有效应力随时间变化；(f) 平均有效应力随正向渗流抵抗角变化

力最小，其结果为 3 MPa。

　　② 渗流方向。

　　为了研究粗糙度各向异性对微裂隙渗流特性的影响，本次模拟以正向渗流抵抗角 $\theta^+ = 20°$模型为例，模型尺寸为 1 m×2 m，在正向渗流（水自左向右流动）和反向渗流（水自右向左流动）两种渗流方向下，微隙平均隙宽、平均导水系数及平均有效应力随不同渗流方向的变化规律如图 5-30 所示。

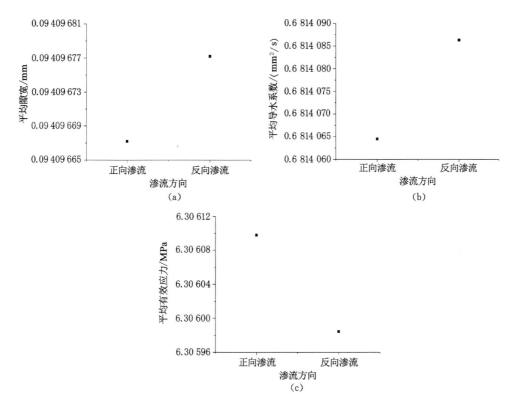

图 5-30　微裂隙平均隙宽、平均导水系数及平均有效应力随不同渗流方向的变化规律

(a) 平均隙宽随渗流方向变化；(b) 平均导水系数随渗流方向变化；

(c) 平均有效应力随渗流方向变化

由图 5-30(a)和图 5-30(b)可以看出,正向渗流时稳定状态的微裂隙平均隙宽和平均导水系数均小于反向渗流时的结果。其主要原因在于：与反向渗流相比,微裂隙在正向渗流时的正向渗流抵抗角对渗流过程产生了较大的阻碍作用。尽管对应的差值较小,但依然可以在一定程度上反映粗糙度的各向异性会对微裂隙平均隙宽和平均导水系数产生直接影响。

图 5-30(c)表明在正向和反向两种渗流方向下,处于渗流稳定状态的微裂隙平均有效应力分别为 6.306 10 MPa、6.305 98 MPa,在正向渗流的情况下微裂隙平均有效应力略大于反向渗流,这也是正向渗流抵抗角作用的结果。

(2) 不同进水压力 P_1

为研究进水压力 P_1 对微裂隙岩体渗流特性的影响规律,以不同进水压力 P_1(0.5 MPa,1.5 MPa,4 MPa,6 MPa,10 MPa)作为自变量,左、右和下边界均为固定约束,法向压力 $q=$10 MPa 作用在上边界,控制裂隙初始宽度为 $d_0=0.1$ mm,建立微裂隙正向渗流抵抗角 $\theta^+=20°$ 的数值模型。微裂隙平均隙宽、平均导水系数及平均有效应力随时间及不同进水压力的变化曲线如图 5-31 所示。

由图 5-31(a)和图 5-31(b)可以看出,渗流稳定状态下的平均隙宽值随着水压力的增加呈现近似线性增长趋势,但相对于初始隙宽($d_0=0.1$ mm)在减小,进水压力 $P_1=0.5$ MPa、

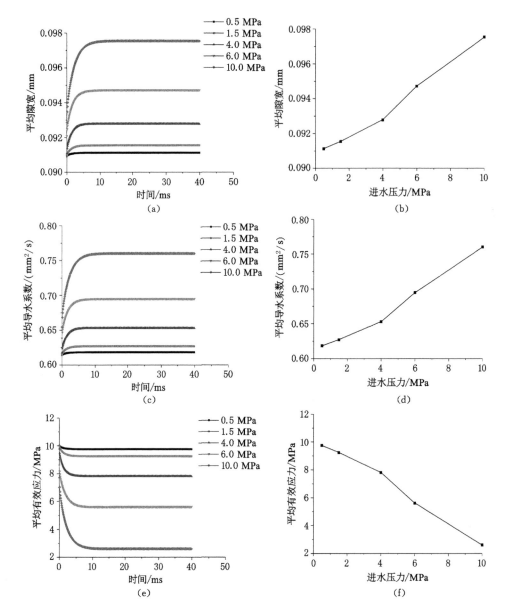

图 5-31　微裂隙平均隙宽、平均导水系数及平均有效应力随不同进水压力的变化曲线
(a) 平均隙宽随时间变化；(b) 平均隙宽随进水压力变化；
(c) 平均导水系数随时间变化；(d) 平均导水系数随进水压力变化；
(e) 平均有效应力随时间变化；(f) 平均有效应力随进水压力变化

1.5 MPa、4.0 MPa、6.0 MPa、10.0 MPa 对应稳定状态下的裂隙平均隙宽相比于初始隙宽（$d_0 = 0.1$ mm）分别减少了 8.88%、8.45%、7.23%、5.28%、2.46%，并且随着进水压力的增加，平均隙宽达到稳定值所需的时间也在逐渐增加。

图 5-31(c) 和图 5-31(d) 表明，微裂隙平均导水系数随时间及不同进水压力作用下的变化总体趋势与微裂隙平均隙宽变化规律一致。处于渗流稳定状态下的微裂隙平均导

水系数随着进水压力的增加在逐渐增加,且增加趋势呈现近似线性规律,处于渗流稳定状态下的平均导水系数分别为 0.618 mm²/s($P_1 = 0.5$ MPa)、0.627 mm²/s($P_1 = 1.5$ MPa)、0.653 mm²/s($P_1 = 4.0$ MPa)、0.695 mm²/s($P_1 = 6.0$ MPa)、0.760 mm²/s($P_1 = 10.0$ MPa)。

由图 5-31(e)和图 5-31(f)分析可知,微裂隙平均有效应力随着时间的增加呈现先减小后稳定的趋势,处于渗流稳定状态下的平均有效应力随着进水压力的增加逐渐减小。在进水压力 P_1 为 0.5 MPa、1.5 MPa、4.0 MPa、6.0 MPa、10.0 MPa 作用下,处于渗流稳定状态的平均有效应力相比于初始有效应力分别降低 2.42%、7.32%、20.15%、34.80%、66.24%。

(3)不同法向压力 q

为研究法向压力 q 对微裂隙岩体渗流特性的影响规律,以不同法向压力 q(2.5 MPa、5 MPa、10 MPa、15 MPa、25 MPa)作为自变量,左、右和下边界均为固定约束,控制裂隙初始宽度 $d_0 = 0.1$ mm,进水压力 $P_1 = 6$ MPa,建立微裂隙正向渗流抵抗角 $\theta^+ = 20°$ 的数值模型。微裂隙平均隙宽、平均导水系数及平均有效应力随时间及不同法向压力的变化曲线如图 5-32 所示。

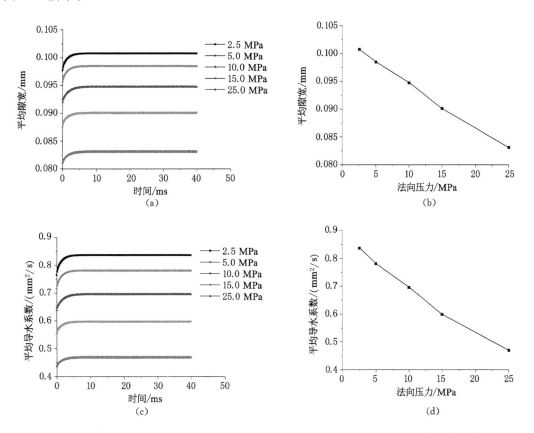

图 5-32　微裂隙平均隙宽、平均导水系数及平均有效应力随不同法向压力的变化曲线

(a)平均隙宽随时间变化;(b)平均隙宽随法向压力变化;

(c)平均导水系数随时间变化;(d)平均导水系数随法向压力变化

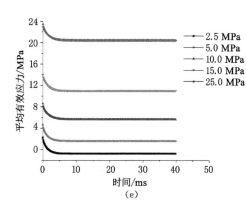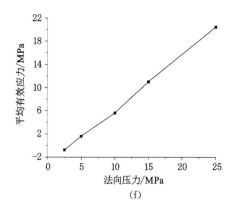

续图 5-32　微裂隙平均隙宽、平均导水系数及平均有效应力随不同法向压力的变化曲线
(e) 平均有效应力随时间变化；(f) 平均有效应力随法向压力变化

由图 5-32(a)至图 5-32(d)可以看出,不同法向压力作用下,微裂隙的平均隙宽、平均导水系数均随时间的增加呈现先增大后稳定的趋势。随着法向压力的增大,微裂隙的平均隙宽、平均导水系数均呈现近似线性下降趋势。当进水压力 $P_1=6$ MPa、法向压力 $q=2.5$ MPa时对应稳定渗流状态下的裂隙平均隙宽为 0.100 75 mm,相比于初始隙宽($d_0=0.1$ mm)增加了 0.075%,微裂隙相对于原始状态略微扩张。在渗流初始阶段,时间为 0~3 ms 时,微裂隙平均导水系数增长速率较快;当时间大于 10 ms 时,微裂隙平均导水系数处于稳定状态。随着法向压力的增加,处于渗流稳定状态下的微裂隙平均导水系数在不断减小,稳定平均导水系数分别为 0.836 mm²/s($q=2.5$ MPa)、0.780 mm²/s($q=5$ MPa)、0.695 mm²/s($q=10$ MPa)、0.599 mm²/s($q=15$ MPa)、0.469 mm²/s($q=25$ MPa)。

图 5-32(e)和图 5-32(f)表明,微裂隙平均有效应力随着时间的增加呈现先减小后稳定的趋势,随法向压力的增加逐渐增大。在进水压力 $P_1=6$ MPa 的情况下,法向压力 $q=2.5$ MPa对应的平均有效应力为负值,这与文献[201]中"向岩体中高压注水可使岩体内部有效应力变成负值"的研究结果相一致。

(4) 不同初始隙宽 d_0

为研究微裂隙初始隙宽 d_0 对裂隙岩体渗流特性的影响规律,以不同微裂隙初始隙宽 d_0(0.02 mm、0.04 mm、0.06 mm、0.08 mm、0.10 mm)作为自变量,左、右和下边界均为固定约束,法向压力 $q=10$ MPa 作用在上边界,进水压力 $P_1=6$ MPa,建立微裂隙正向渗流抵抗角 $\theta^+=20°$ 的数值模型。微裂隙平均隙宽、平均导水系数及平均有效应力随时间及不同初始隙宽的变化曲线如图 5-33 所示。

由图 5-33(a)和图 5-33(b)可以看出,随着初始隙宽的增加,渗流进入稳定状态所需要的时间在逐渐减少,不同初始隙宽条件下的微裂隙在渗流稳定状态的平均隙宽比初始隙宽值都有一定程度的减少,减少量分别为 22.65%($d_0=0.02$ mm)、13.25%($d_0=0.04$ mm)、9.37%($d_0=0.06$ mm)、7.24%($d_0=0.08$ mm)、5.90%($d_0=0.1$ mm),这说明在法向压力 10 MPa、进水压力 6 MPa 的情况下,微裂隙处于压密状态。

图 5-33(c)和图 5-33(d)表明,微裂隙平均导水系数随着时间的增加呈现先增大后稳定的趋势,且随着初始隙宽的增加达到稳定渗流所需的时间大大缩短;处于渗流稳定状态的平均导

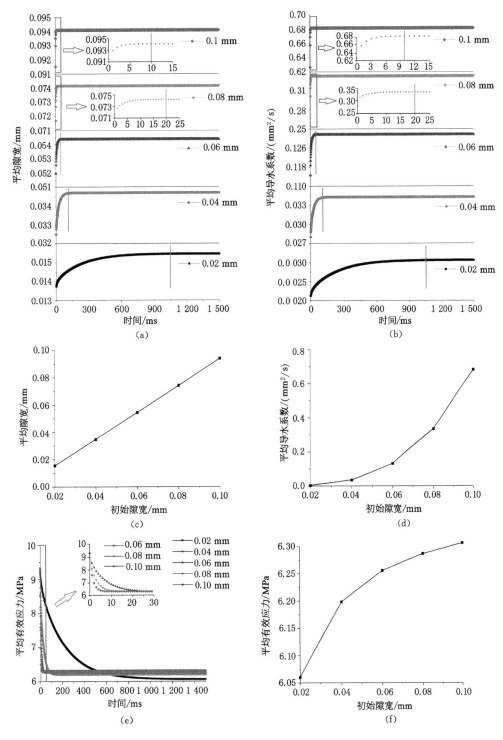

图 5-33 微裂隙平均隙宽、平均导水系数及平均有效应力随不同初始隙宽的变化曲线

(a) 平均隙宽随时间变化;(b) 平均导水系数随时间变化;

(c) 平均隙宽随初始隙宽变化;(d) 平均导水系数随初始隙宽变化;

(e) 平均有效应力随时间变化;(f) 平均有效应力随初始隙宽变化

水系数随着初始隙宽的增加而增大，且增长率逐渐加快，渗流稳定状态下对应的平均导水系数分别为 0.003 1 mm²/s($d_0=0.02$ mm)、0.034 3 mm²/s($d_0=0.04$ mm)、0.131 7 mm²/s($d_0=0.06$ mm)、0.334 3 mm²/s($d_0=0.08$ mm)、0.681 4 mm²/s($d_0=0.1$ mm)。

由图 5-33(e)和图 5-33(f)分析可知，随着时间的增加，微裂隙平均有效应力逐渐减小后趋于稳定，处于渗流稳定状态的微裂隙平均有效应力随着初始隙宽的增大逐渐增加，初始隙宽 $d_0=0.02$ mm、0.04 mm、0.06 mm、0.08 mm、0.10 mm 时对应的平均有效应力分别为 6.060 MPa、6.198 MPa、6.256 MPa、6.287 MPa、6.306 MPa。

5.4.2　粗糙度对微裂隙非线性流动的影响规律研究

粗糙裂隙中的流体流动形态和非线性行为非常复杂，目前对于粗糙裂隙渗流数值模拟中的研究尚未形成较为统一的认识，其关键问题在于对裂隙非线性流动的物理机制还有待于进一步探讨。本节在前人研究工作的基础上对粗糙度作用下微裂隙非线性流动的规律进行研究，为揭示微裂隙渗流机理奠定基础。

在微裂隙非线性流动规律方面的研究，部分研究以粗糙裂隙的平行板离散模型为基础，在离散裂隙中将原始裂隙的粗糙通过不同隙宽的小段平行板以某个角度连接，由于平行板的连接角度对流体渗流过程影响很小，故离散裂隙可以用无角度连接的平行板表示。选取一个包含隙宽变化的典型单元体进行分析，如图 5-34 所示，两段平行板长度一样，均为 $l/2$，e_1、e_2 分别表示两个平行板的隙宽。本节在此基础上进一步考虑将不同

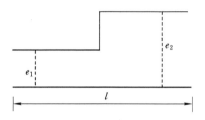

图 5-34　平行板离散模型的单元体

粗糙度系数、入口隙宽作为影响因素，从微裂隙中流体的平均流速变化为切入点，对裂隙粗糙对流体非线性流动的作用机制和影响规律进行探讨，利用 COMSOL Multiphysics 模拟单元体在不同粗糙裂隙下的流体渗流特性。

5.4.2.1　粗糙度作用下裂隙单元体非线性流动特征

本次模拟设置进水压力 $P_1=0.5$ Pa，出水压力 $P_0=0$ Pa；流体密度 $\rho=1\,000$ kg/m³，动力黏滞系数 $\mu=0.001$ Pa·s，借助 N-S 方程进行求解，忽略重力的影响，水在水平方向从左往右渗流，获得不同粗糙特征的单元体流速的流线图如图 5-35 所示。从图中可以看出由于隙宽的增大($e_1<e_2$)，流线不再维持原来的平行直线，逐渐向上偏转，流速整体下降，表明隙宽的扩张导致流体的速度场发生变化；对比图 5-35(a)和图 5-35(b)可以看出在 e_1、e_2 保持不变的情况下，减小 l 的长度，流线向上偏转的程度逐渐降低；对比图 5-35(b)和图 5-35(c)可以看出，在 e_1、l 保持不变的情况下，增加 e_2 的长度，出口隙宽的差异对流线的偏离程度产生了直接影响，从而引起流体速度场重新分布。进一步对图 5-33 分析可知，在隙宽变化处附近，流速先迅速下降，后下降趋势变缓；e_2/e_1 数值越大，粗糙程度越高，其在隙宽变化处，流速变化越显著。在实际渗流过程中局部流速下降幅度比立方定律大，说明在隙宽变化处存在一部分压力损耗，这是立方定律不适用于粗糙裂隙的内在原因。

5.4.2.2　微裂隙粗糙度影响因素对非线性流动的影响规律

（1）不同粗糙度系数

为研究不同粗糙度系数对微裂隙非线性流动的影响规律，选取 $JRC=6\sim8$ 和 $JRC=$

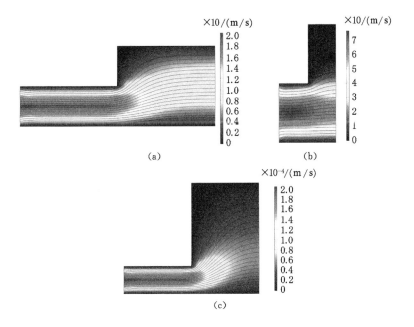

图 5-35　单元体流线图

(a) $e_1 = 0.01\,\text{mm}, e_2 = 0.02\,\text{mm}, l = 0.05\,\text{mm}$;(b) $e_1 = 0.01\,\text{mm}, e_2 = 0.02\,\text{mm}, l = 0.01\,\text{mm}$;

(c) $e_1 = 0.01\,\text{mm}, e_2 = 0.04\,\text{mm}, l = 0.05\,\text{mm}$

$14 \sim 16$ 的两条不同粗糙度系数曲线的局部线段与平行板组成裂隙,如图 5-36 所示。水从左往右渗流,入口压力为 0.2 Pa,出口压力为 0 Pa。

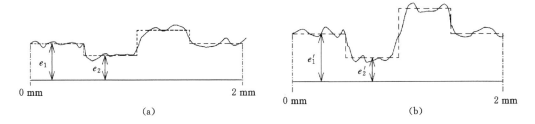

图 5-36　裂隙离散示意图

(a) $JRC = 6 \sim 8$;(b) $JRC = 14 \sim 16$

当 $e_1 = e'_1 = 0.25$ mm 时,图 5-36(a)和图 5-36(b)两种裂隙出口端平均流速分别为 0.336 mm/s、0.096 mm/s,$0 = 14 \sim 16$ 比 $JRC = 6 \sim 8$ 的流速小得多,但不难发现当 $e_1 = e'_1 = 0.25$mm 时 $e_2 > e'_2$,有可能是较大的隙宽导致渗流稳定时维持了更高的流速。为消除隙宽对微裂隙非线性流动的影响,对 $e_2 = e'_2 = 0.175$ mm 的情况进行模拟,此时图 5-36(a)和图 5-36(b)两种裂隙出口端平均流速分别为 0.336 mm/s、0.319 mm/s。当 $e_2 = e'_2 = 0.175$ mm时,$JRC = 14 \sim 16$,均不小于 $JRC = 6 \sim 8$ 在任意处的隙宽,但 $JRC = 14 \sim 16$ 比 $JRC = 6 \sim 8$ 的流速要小,显然,造成两种微裂隙平均流速不同的原因在于二者的粗糙度系数不同,且随着粗糙度系数的增大,裂隙平均流速逐渐减小。

（2）不同入口隙宽

以图 5-36(b)中裂隙为例,分析不同入口隙宽对粗糙裂隙非线性流动的影响。建立入

口隙宽 e_1' 分别为 0.25~40 mm 的微裂隙模型并进行求解。不同模型在出口端平均流速结果如图 5-37 所示。

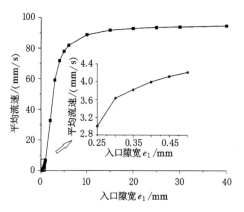

图 5-37　不同模型出口端流速

由图 5-37 可以看出，随着入口隙宽的增加，当 $e_1'<10$ mm 时，出口端流速增长速度很快，当 $e_1'>10$ mm 时，流速增长幅度逐渐变缓，直至 $e_1'=30$ mm 时，流速基本趋于稳定。其原因是当微裂隙表面起伏高度与微裂隙开度相近时，渗流通道较小，微裂隙表面形态对所有区域流体流动规律均可能会产生影响；当微裂隙表面起伏高度与微裂隙开度相比，表面起伏高度可以忽略不计时，渗流通道较大，微裂隙表面起伏形态仅对其附近的流体流动规律产生影响，而对整体渗流规律影响作用不大。以上结论与第 4 章微裂隙表面三维几何特征描述中的结论保持一致。

5.5　本章小结

本章从试验及数值模拟的角度对不同粗糙度微裂隙非线性流动行为开展研究。首先研发了一台具有高精度、有效密封性、高渗流压力、可实现对微裂隙表面变形实时监测的微裂隙三轴应力渗流机理模型试验系统，然后制备了不同粗糙度的微裂隙砂岩相似模型渗流试件，并对其展开了一系列的渗流试验。试验结果分别对裂隙表面的变形特性、非线性渗流机制随粗糙度的变化特征进行分析，采用 COMSOL Multiphysics 多物理场仿真软件对不同影响因素作用下平均隙宽、平均导水系数及平均有效应力进行计算，并分析了微裂隙渗流的非线性流动规律。主要得出以下几点结论：

（1）根据以往对裂隙岩体开展渗流试验，难以实现高应力加载，进水压力较小且无法获取裂隙表面应变等缺点，自主设计研发了微裂隙三轴应力渗流机理模型试验系统。该系统主要由试验平台、渗流注入系统、排液泵、进液泵、围压油泵等部件组成，并具有良好的密封性能，轴压、围压最大荷载为 60 MPa，最大进水压力为 30 MPa，采用光纤光栅传感器监测裂隙表面的应变值。该系统加载精度高，轴压、围压、水压稳定性好，传感器灵敏度高，可在不同粗糙度条件、不同三轴应力条件下开展微裂隙渗流试验。

（2）不同 JRC 条件下，当轴压为 10 MPa、水压力为 1 MPa 不变时，随着围压的增加，微裂隙表面 5 个测点的最大应变值排序并不统一，这是由于裂隙面并非完全吻合，不同位置接触程度不同产生的结果。当轴压为 10 MPa、围压为 10 MPa 不变时,水压力增大的初始阶段,应变变化规律并不明显;随着水压力的继续增大,一部分压密的裂隙会逐渐打开,裂隙内部渗流场会重新分布,5 个测点的应变呈现急剧增长趋势。

(3)对于不同粗糙度条件下的微裂隙砂岩相似模型的渗流规律,非线性流动特征均可以用 Forchheimer 定律很好地拟合分析。随着 JRC 的增加,Forchheimer 拟合方程中线性和非线性项系数 a 和 b 均表现出逐渐增大的趋势。微裂隙的非线性流动特征也可以用 Izbash 定律进行描述,随着 JRC 的增加,系数 λ' 的增长趋势越来越显著,而系数 m 基本与粗糙度系数 JRC 之间呈线性关系,增长幅度较为稳定。

(4)讨论了单一微裂隙在不同正向渗流抵抗角 θ^+、不同渗流方式、不同进水口压力 P_1、不同法向压力 q 以及不同初始隙宽 d_0 作用下微裂隙平均隙宽、平均导水系数及平均有效应力的演化规律。随着时间的增加,微裂隙平均隙宽和平均导水系数均呈现先逐渐增加后趋于稳定的趋势。渗流抵抗角 θ^+、渗流方向的改变均会对渗流规律产生直接影响。

(5)分析了不同粗糙度系数和不同隙宽对微裂隙非线性流动影响规律。结果表明,随着粗糙度系数的增大,裂隙平均流速逐渐减小。随着入口隙宽的增加,出口端流速呈现先增长后稳定的趋势。

参 考 文 献

[1] 谢和平,王金华,申宝宏,等.煤炭开采新理念—科学开采与科学产能[J].煤炭学报, 2012,37(7):1069-1079.

[2] 谢和平,王金华,姜鹏飞,等.煤炭科学开采新理念与技术变革研究[J].中国工程科学, 2015,17(9):36-41.

[3] 钱七虎.中国岩石工程技术的新进展[J].中国工程科学,2010,12(8):37-48.

[4] 谢和平,高峰,鞠杨.深部岩体力学研究与探索[J].岩石力学与工程学报,2015,34(11): 2161-2178.

[5] 何满潮,谢和平,彭苏萍,等.深部开采岩体力学研究[J].岩石力学与工程学报,2005,24 (16):2803-2813.

[6] 郭庆凯,刘朋.应用瞬变电磁法防治煤矿顶板砂岩水的实践[J].工业安全与环保,2012, 38(12):49-51.

[7] 郭惟嘉,王海龙,陈绍杰,等.采动覆岩涌水溃砂灾害模拟试验系统研制与应用[J].岩石 力学与工程学报,2016,35(7):1415-1422.

[8] 陈江峰,王振康,岳洋,等.神东侏罗纪砂岩微观结构对其力学性质及声波传播速度的影 响[J].河南理工大学学报(自然科学版),2018,37(2):36-43,73.

[9] 章勤飞,刘泉声,刘琪,等.砂岩单轴压缩破裂过程声发射特性颗粒流分析[J].矿业研究 与开发,2018,38(1):85-90.

[10] 苏方声,潘鹏志,高要辉,等.含天然硬性结构面大理岩破裂过程与机制研究[J].岩石 力学与工程学报,2018,37(3):611-620.

[11] 龚高武.微裂隙岩体渗漏对大坝的危害与处理浅析[C].水工建筑物水泥灌浆与边坡支 护技术暨第9次水利水电地基与基础工程学术会议论文集.北京:中国水利水电出版 社,2007.

[12] 李术才,郑卓,刘人太,等.考虑浆-岩耦合效应的微裂隙注浆扩散机制分析[J].岩石力 学与工程学报,2017,36(4):812-820.

[13] 周汉国,郭建春,李静,等.裂隙特征对岩石渗流特性的影响规律研究[J].地质力学学 报,2017,23(4):531-539.

[14] 李化,张正虎,邓建辉,等.岩石节理三维表面形貌精细描述与粗糙度定量确定方法的 研究[J].岩石力学与工程学报,2017,36(S2):4066-4074.

[15] 李化,黄润秋.岩石结构面粗糙度系数 JRC 定量确定方法研究[J].岩石力学与工程学 报,2014,33(S2):3489-3497.

[16] 雷光伟,杨春和,王贵宾,等.基于结构面综合指标的岩体质量评价及应用[J].岩土力 学,2017,38(8):2343-2350.

[17] 阮云凯.快速隆升怒江河段马吉水电站坝区岩体随机结构面统计学特征方法研究[D]. 长春:吉林大学,2017.

[18] 孙魁,王英,李成,等.巨厚煤层顶板离层水致灾机理研究[J].河南理工大学学报(自然 科学版),2018,37(2):14-21.

[19] 刘颖,赵天宇,王发旺,等.新近系红层岩体力学参数与隧道围岩分级探讨[J].工程勘 察,2016,44(8):11 18.

[20] 蔡金龙,周志芳.粗糙裂隙渗流研究综述[J].勘察科学技术,2009(4):18-23.

[21] 陈世江,朱万成,王创业,等.岩体结构面粗糙度系数定量表征研究进展[J].力学学报, 2017,49(2):239-256.

[22] BARTON N. Review of a new shear-strength criterion for rock joints[J]. Engineering Geology,1973,7(4):287-332.

[23] BARTON N, CHOUBEY V. The shear strength of rock joints in theory and practice [J]. Rock Mechanics,1977,10(1-2):1-54.

[24] TSE R, CRUDEN D M. Estimating joint roughness coefficients[J]. International Journal of Rock Mechanics and Mining Sciences & Geomechanics Abstracts, 1979, 16(5):303-307.

[25] XIE H, WANG J A, XIE W H. Fractal effects of surface roughness on the mechanical behavior of rock joints[J]. Chaos, Solitons & Fractals, 1997, 8(2):221-252.

[26] XIE H, WANG J A. Direct fractal measurement of fracture surfaces[J]. International Journal of Solids and Structures, 1999, 36(20):3073-3084.

[27] TURK N, GREIG M J, DEARMAN W R, et al. Characterization of rock joint surfaces by fractal dimension[C]. The 28th US symposium on rock mechanics (US-RMS). American Rock Mechanics Association. [s. l.]:[s. n.], 1987.

[28] CARR J R, WARRINER J B. Relationship between the fractal dimension and joint roughness coefficient[J]. Environmental and engineering geoscience, 1989, 26(2): 253-263.

[29] 杨更社.岩体节理面的分形与分维研究[J].西安矿业学院学报,1993(3):212-216.

[30] 周创兵,熊文林.节理面粗糙度系数与分形维数的关系[J].武汉水利电力大学学报, 1996,29(5):1-5.

[31] 冯夏庭,MASAYUKI KOSUGI,王泳嘉.岩石节理力学参数的非线性估计[J].岩土工 程学报,1999,21(31):268-272.

[32] 张林洪.结构面抗剪强度的一种确定方法[J].岩石力学与工程学报,2001,20(1): 114-117.

[33] 尹红梅,张宜虎,孔祥辉.结构面剪切强度参数三维分形估算[J].水文地质工程地质, 2011,38(4):58-62.

[34] 曹平,贾洪强,刘涛影,等.岩石节理表面三维形貌特征的分形分析[J].岩石力学与工 程学报,2011,30(2):3839-3843.

[35] 游志诚,王亮清,葛云峰,等.结构面粗糙度系数的三维分形表征[J].人民长江,2014, 45(19):63-67.

[36] 游志诚,王亮清,杨艳霞,等.基于三维激光扫描技术的结构面抗剪强度参数各向异性研究[J].岩石力学与工程学报,2014,33(1):3003-3008.

[37] EI-SOUDANI S M. Profilometric analysis of fractures[J]. Metallography,1978,11(3):247-336.

[38] YU X, VAYSSADE B. Joint profiles and their roughness parameters[J]. International Journal of Rock Mechanics and Mining Sciences & Geomechanics Abstracts,1991,28(4):333-336.

[39] GRASSELLI G, WIRTH J, EGGER P. Quantitative three-dimensional description of a rough surface and parameter evolution with shearing[J]. International Journal of Rock Mechanics and Mining Sciences,2002,39(6):789-800.

[40] 葛云峰.基于 BAP 的岩体结构面粗糙度与峰值抗剪强度研究[D].武汉:中国地质大学(武汉),2014.

[41] 王昌硕,王亮清,葛云峰,等.基于统计参数的二维节理粗糙度系数非线性确定方法[J].岩土力学,2017,38(2):565-573.

[42] 杜时贵,陈禹,樊良本.JRC 修正直边法的数学表达[J].工程地质学报,1996,4(2):36-43.

[43] 陈世江.基于数字图像处理的岩体结构面粗糙度三维表征方法及其应用[D].沈阳:东北大学,2015.

[44] 孙辅庭,佘成学,蒋庆仁.一种新的岩石节理面三维粗糙度分形描述方法[J].岩土力学,2013,34(8):2238-2242.

[45] 陈世江,王创业,王超,等.岩石结构面粗糙度尺寸效应分析[J].金属矿山,2016(12):138-143.

[46] 李坤,王卫华,严哲,等.岩石节理形貌粗糙度系数与分形维数及几个参数的关系分析[J].世界科技研究与发展,2016,38(5):1029-1034.

[47] 宋磊博,江权,李元辉,等.不同采样间隔下结构面形貌特征和各向异性特征的统计参数稳定性研究[J].岩土力学,2017,38(4):1121-1132,1147.

[48] 陈世江,朱万成,王创业,等.考虑各向异性特征的三维岩体结构面峰值剪切强度研究[J].岩石力学与工程学报,2016,35(10):2013-2021.

[49] 葛云峰,唐辉明,王亮清,等.天然岩体结构面粗糙度各向异性、尺寸效应、间距效应研究[J].岩土工程学报,2016,38(1):170-179.

[50] 陈世江,朱万成,刘树新,等.岩体结构面粗糙度各向异性特征及尺寸效应分析[J].岩石力学与工程学报,2015,34(1):57-66.

[51] AYDAN Ö, SHIMIZU Y, KAWAMOTO T. Anisotropy of surface morphology characteristics of rock discontinuities[J]. Rock Mechanics and Rock Engineering,1996,29(1):47-59.

[52] TATONE B S A, GRASSELLI G. A new 2D discontinuity roughness parameter and its correlation with JRC[J]. International Journal of Rock Mechanics and Mining Sciences,2010,47(8):1391-1400.

[53] KULATILAKE P H S W, BALASINGAM P, PARK J, et al. Natural rock joint

roughness quantification through fractal techniques[J]. Geotechnical and Geological Engineering, 2006, 24(5): 1181-1202.

[54] 李久林.结构面粗糙度和抗剪强度的各向异性效应[J].工程勘察,1994(5):12-16.

[55] 唐志成,宋英龙.一种描述结构面剖面线粗糙度的新方法[J].工程地质学报,2011,19(2):250-253.

[56] 周宏伟,谢和平.岩体中渗流形貌演化的随机理论描述[J].岩土工程学报,2001,23(2):183-186.

[57] BANDIS S C, LUMSDEN A C, BARTON N R. Fundamentals of rock joint deformation[J]. International Journal of Rock Mechanics and Mining Science and Geomechanics Abstracts, 1983, 20(6): 249-268.

[58] FARDIN N, FENG Q, STEPHANSSON O. Application of a new in-situ 3D laser scanner to study the scale effect on the rock joint surface roughness[J]. International Journal of Rock Mechanics and Mining Sciences, 2004, 41(2): 329-335.

[59] 杜时贵,黄曼,罗战友,等.岩石结构面力学原型试验相似材料研究[J].岩石力学与工程学报,2010,29(11):2263-2270.

[60] 徐磊,任青文,叶志才,等.岩体结构面三维表面形貌的尺寸效应研究[J].武汉理工大学学报,2008,30(4):103-105.

[61] 刘伟,曾亚武,夏磊,等.单轴压缩下层状岩体的各项异性研究[J].水利与建筑工程学报,2018,16(1):145-149,23.

[62] 吉锋,石豫川.硬性结构面表面起伏形态测量及其尺寸效应研究[J].水文地质工程地质,2011,38(4):63-68.

[63] 曹平,罗磊,刘涛影,等.岩石节理面粗糙度的分形效应与试件尺寸影响分析[J].科技导报,2011,29(24):57-61.

[64] 陈世江,赵自豪,王超.基于修正线粗糙度法的岩石节理粗糙度估值[J].金属矿山,2012(6):22-25.

[65] TATONE B S A, GRASSELLI G. A new 2D discontinuity roughness parameter and its correlation with JRC[J]. International Journal of Rock Mechanics and Mining Sciences,2010,47(8):1391-1400.

[66] 唐志成,夏才初,宋英龙,等.Grasselli 节理峰值抗剪强度公式再探[J].岩石力学与工程学报,2012,31(2):356-364.

[67] STIMPSON B. A rapid field method for recording joint roughness profiles[J]. International Journal of Rock Mechanics and Mining Sciences & Geomechanics Abstracts, 1982,19(6):345-346.

[68] 杜时贵,万颖君,颜育仁,等.岩体结构面抗剪强度经验估算方法在杭千高速公路路堑边坡稳定性研究中的应用[J].公路交通科技,2005,22(9):39-42.

[69] 夏才初.岩石结构面的表面形态特征研究[J].工程地质学报,1996,4(3):71-78.

[70] MAERZ N H, FRANKLIN J A, BENNETT C P. Joint roughness measurement using shadow profilometry[J]. International Journal of Rock Mechanics and Mining Sciences & Geomechanics Abstracts, 1990, 27(5): 329-343.

[71] HAKAMI E, LARSSON E. Aperture measurements and flow experiments on a single natural fracture[J]. International Journal of Rock Mechanics and Mining Sciences & Geomechanics, 1996, 33(4): 395-404.

[72] 夏才初,王伟,丁增志. TJXW-3D 型便携式岩石三维表面形貌仪的研制[J]. 岩石力学与工程学报,2008,27(7):1505-1512.

[73] 王卫星,杨记明. 一种基于图像处理的岩石裂隙粗糙度几何信息算法[J]. 重庆邮电大学学报(自然科学版),2010,22(4):454-457.

[74] BAE D S, KIM K S, KOH Y K, et al. Characterization of joint roughness in granite by applying the scan circle technique to images from a borehole televiewer[J]. Rock Mechanics and Rock Engineering, 2011, 44(4): 497-504.

[75] FARDIN N, STEPHANSSON O, JING L. The scale dependence of rock joint surface roughness[J]. International Journal of Rock Mechanics and Mining Sciences, 2001, 38(5): 659-669.

[76] KULATILAKE P H S W, SHOU G, HUANG T H, et al. New peak shear strength criteria for anisotropic rock joints[J]. International Journal of Rock Mechanics and Mining Sciences & Geomechanics Abstracts, 1995, 32(7): 673-697.

[77] 曹平,贾洪强,刘涛影,等. 岩石节理表面三维形貌特征的分形分析[J]. 岩石力学与工程学报,2011,30(2):3839-3843.

[78] 熊祖强,江权,龚彦华,等. 基于三维扫描与打印的岩体自然结构面试样制作方法与剪切试验验证[J]. 岩土力学,2015,36(6):1557-1565.

[79] MAH J, SAMSON C, MCKINNON S D, et al. 3D laser imaging for surface roughness analysis[J]. International Journal of Rock Mechanics and Mining Sciences, 2013, 58(1): 111-117.

[80] FEKETE S, DIEDERICHS M. Integration of three-dimensional laser scanning with discontinuum modelling for stability analysis of tunnels in blocky rockmasses[J]. International Journal of Rock Mechanics and Mining Sciences, 2013, 57(1):11-23.

[81] 胡超,周宜红,赵春菊,等. 基于三维激光扫描数据的边坡开挖质量评价方法研究[J]. 岩石力学与工程学报,2014,33(S2):3979-3984.

[82] 葛云峰,唐辉明,黄磊,等. 岩体结构面三维粗糙系数表征新方法[J]. 岩石力学与工程学报,2012,31(12):2508-2517.

[83] LOMIZE G M. Flow in fractured rocks[M]. Moscow: Gosenergoizdat,1951.

[84] LOUIS C. Strömungsvorgänge in klüftigen Medien und ihre Wirkung auf die Standsicherheit von Bauwerken und Böschungen im Fels[D]. Karlsruhe: Universität Karlsruhe,1967.

[85] HUITT J L. Fluid flow in simulated fractures[J]. AIChE Journal, 1956, 2(2): 259-264.

[86] BARTON N, BANDIS S, BAKHTAR K. Strength, deformation and conductivity coupling of rock joints[J]. International Journal of Rock Mechanics and Mining Sciences & Geomechanics Abstracts, 1985,22(3):121-140.

［87］ AMADEI B，ILLANGASEKARE T. A mathematical model for flow and solute transport in non-homogeneous rock fractures［J］. International Journal of Rock Mechanics and Mining Science & Geomechanics Abstracts，1994，31(6)：719-731.

［88］ 耿克勤.复杂岩基的渗流、力学及其耦合分析研究以及工程应用［D］.北京：清华大学，1994.

［89］ 速宝玉，詹美礼，赵坚.仿天然岩体裂隙渗流的实验研究［J］.岩土工程学报，1995，17(5)：19-24.

［90］ 许光祥,张永兴,哈秋舲.粗糙裂隙渗流的超立方和次立方定律及其试验研究［J］.水利学报，2003(3)：74-79.

［91］ FORCHHEIMER P H. Wasserbewegun Durch Boden［J］. 1901(45)：1782-1788.

［92］ IZBASH S V. O filtracii v kropnozernstom materiale［M］. Leningrad：USSR，1931.

［93］ 赵延林.裂隙岩体渗流-损伤-断裂耦合理论及应用研究［D］.长沙：中南大学，2009.

［94］ 朱立,刘卫群,王甘林.振动对充填裂隙渗透率影响的实验研究［J］.实验力学，2012，27(2)：201-206.

［95］ 刘欣宇.含充填裂隙类岩石高围压条件下水渗流试验研究［D］.长沙：中南大学，2012.

［96］ 刘杰,李建林,胡静,等.劈裂砂岩有、无砂粒填充条件下的多因素对渗流量影响对比分析［J］.岩土力学，2014，35(8)：2163-2170.

［97］ 陈祖安,伍向阳,孙德明,等.砂岩渗透率随静压力变化的关系研究［J］.岩石力学与工程学报，1995，14(2)：155-159.

［98］ 王媛,徐志英,速宝玉.复杂裂隙岩体渗流与应力弹塑性全耦合分析［J］.岩石力学与工程学报，2000，19(2)：177-181.

［99］ 仵彦卿,张倬元.岩体水力学导论［M］.成都：西南交通大学出版社，1995.

［100］ KRANZZ R L，FRANKEL A D，ENGELDER T，et al. The permeability of whole and jointed Barre Granite［J］. International Journal of Rock Mechanics and Mining Sciences & Geomechanics Abstracts，1979，16(4)：225-234.

［101］ LOUIS C. Introduction a l'hydraulique des roches［J］. Bull Brgm III，1974(5)：155-167.

［102］ 周创兵,熊文林.不连续面渗流与变形耦合的机理研究［J］.水文地质工程地质，1996(3)：14-17.

［103］ 刘继山.单裂隙受正应力作用时的渗流公式［J］.水文地质工程地质，1987(2)：32-33，28.

［104］ GANGI A F. Variation of whole and fractured porous rock permeability with confining pressure［J］. International Journal of Rock Mechanics and Mining Sciences & Geomechanics Abstracts，1978，15(5)：249-257.

［105］ WALSH J B. Effect of pore pressure and confining pressure on fracture permeability［J］. International Journal of Rock Mechanics and Mining Sciences & Geomechanics Abstracts，1981，18(5)：429-435.

［106］ TSANG Y W，TSANG C F. Channel model of flow through fractured media［J］. Water Resources Research，1987，23(3)：467-479.

[107] BAI M, MENG F, ELSWORTH D, et al. Numerical modelling of coupled flow and deformation in fractured rock specimens[J]. International Journal for Numerical and Analytical Methods in Geomechanics, 1999, 23(2): 141-160.

[108] NOORISHAD J, TSANG C F, WITHERSPOON P A. Coupled thermal-hydraulic-mechanical phenomena in saturated fractured porous rocks: Numerical approach[J]. Journal of Geophysical Research: Solid Earth, 1984, 89(B12): 10365-10373.

[109] 王媛,速宝玉,徐志英.三维裂隙岩体渗流耦合模型及其有限元模拟[J].水文地质工程地质,1995(3):1-5.

[110] 柴军瑞,仵彦卿.岩体渗流与应力相互作用关系综述[C].第六届岩石力学与工程会议论文集.南京:[出版者不详],2000.

[111] 李培超,孔祥言,卢德唐.饱和多孔介质流固耦合渗流的数学模型[J].水动力学研究与进展(A辑),2003,18(4):419-426.

[112] 杨天鸿,唐春安,梁正召,等.脆性岩石破裂过程损伤与渗流耦合数值模型研究[J].力学学报,2003,35(5):533-541.

[113] 杨天鸿,唐春安,谭志宏,等.岩体破坏突水模型研究现状及突水预测预报研究发展趋势[J].岩石力学与工程学报,2007,26(2):268-277.

[114] 韩国锋,王恩志,刘晓丽.压缩带形成过程中渗透性变化试验研究[J].岩石力学与工程学报,2011,30(5):991-997.

[115] ZHU W, DAVID C, WONG T F. Network modeling of permeability evolution during cementation and hot isostatic pressing[J]. Journal of Geophysical Research Solid Earth, 2012, 100(B8):15451-15464.

[116] LI S P, WU D X, XIE W H, et al. Effect of confining presurre, pore pressure and specimen dimension on permeability of Yinzhuang Sandstone[J]. International Journal of Rock Mechanics and Mining Science & Geomechanics Abstracts, 1997, 34(3):432-432.

[117] WANG J A, PARK H D. Fluid permeability of sedimentary rocks in a complete stress-strain process[J]. Engineering Geology, 2002, 63(3-4):291-300.

[118] 胡大伟,周辉,潘鹏志,等.砂岩三轴循环加卸载条件下的渗透率研究[J].岩土力学,2010,31(9):2749-2754.

[119] 贺玉龙,杨立中.围压升降过程中岩体渗透率变化特性的试验研究[J].岩石力学与工程学报,2004,23(3):415-419.

[120] 姜振泉,季梁军,左如松,等.岩石在伺服条件下的渗透性与应变、应力的关联性特征[J].岩石力学与工程学报,2002,21(10):1442-1446.

[121] 张玉卓,张金才.裂隙岩体渗流与应力耦合的试验研究[J].岩土力学,1997,18(4):59-62.

[122] 郑少河,赵阳升,段康廉.三维应力作用下天然裂隙渗流规律的实验研究[J].岩石力学与工程学报,1999,18(2):15-18.

[123] 刘亚晨,蔡永庆,刘泉声,等.岩体裂隙结构面的温度-应力-水力耦合本构关系[J].岩土工程学报,2001,23(2):196-200.

[124] ESAKI T. The relationship between surface roughness and shear strength of irregular rock joints[C]. Anchoring & Grouting-Proceedings of International Conference on Anchoring & Grouting Towards the New Century. [s. l.]:[s. n.],1999.

[125] 刘才华,陈从新,付少兰.二维应力作用下岩石单裂隙渗流规律的实验研究[J].岩石力学与工程学报,2002,21(8):1194-1198.

[126] 赵阳升,杨栋,郑少河,等.三维应力作用下岩石裂缝水渗流物性规律的实验研究[J].中国科学(E辑):技术科学,1999,29(1):82-86.

[127] 陈红江.裂隙岩体应力-损伤-渗流耦合理论、试验及工程应用研究[D].长沙:中南大学,2010.

[128] 李文杰,葛毅鹏,张芳芳.基于相似理论的相似材料配比试验研究[J].洛阳理工学院学报(自然科学版),2013,23(1):7-12.

[129] 袁宗盼,陈新民,袁媛,等.地质力学模型相似材料配比的正交试验研究[J].防灾减灾工程学报,2014,34(2):197-202.

[130] 韩伯鲤,陈霞龄,宋一乐.岩体相似材料的研究[J].武汉水利电力大学学报,1997,30(2):6-9.

[131] 马芳平,李仲奎,罗光福.NIOS模型材料及其在地质力学相似模型试验中的应用[J].水力发电学报,2004,23(1):48-51.

[132] 张杰,侯忠杰.固-液耦合试验材料的研究[J].岩石力学与工程学报,2004,23(18):3157-3161.

[133] 左保成,陈从新,刘刁华.相似材料试验研究[J].岩土力学,2004,25(11):805-1808.

[134] 叶志华,丁浩,刘新荣.龙潭隧道围岩相似材料的实验研究[J].公路交通技术,2005(5):108-110.

[135] 王汉鹏,李术才,张强勇,等.新型地质力学模型试验相似材料的研制[J].岩石力学与工程学报,2006,25(9):1842-1847.

[136] 李树忱,冯现大,李术才,等.新型固流耦合相似材料的研制及其应用[J].岩石力学与工程学报,2010,29(2):281-288.

[137] 李术才,周毅,李利平,等.地下工程流-固耦合模型试验新型相似材料的研制及应用[J].岩石力学与工程学报,2012,31(6):1128-1137.

[138] 徐钊,许梦国,王平,等.低强度相似材料参数敏感性正交试验研究[J].武汉科技大学学报,2013,36(6):435-438.

[139] 洛锋,杨本生,郝彬彬,等.相似材料单轴压缩力学性能及强度误差来源分析[J].采矿与安全工程学报,2013,30(1):93-99.

[140] 王刚,张学朋,蒋宇静,等.一种考虑剪切速率的粗糙结构面剪切强度准则[J].岩土工程学报,2015,37(8):1399-1404.

[141] 董晶亮.砒砂岩体溃散机理及砒砂岩改性材料试验研究[D].大连:大连理工大学,2016.

[142] 汪兴模.岩石颗粒解离试验研究[J].矿物岩石,1990(1):103-106.

[143] 赵同彬.深部岩石蠕变特性试验及锚固围岩变形机理研究[D].青岛:山东科技大学,2009.

[144] 张雁.大庆杏南油田砂岩储层微观孔隙结构特征研究[D].大庆:东北石油大学,2011.

[145] 杨大刚.低渗透萨零组油层注水开发技术研究[D].大庆:大庆石油学院,2008.

[146] 陈昱林.泥页岩微观孔隙结构特征及数字岩心模型研究[D].成都:西南石油大学,2016.

[147] 傅晏.干湿循环水岩相互作用下岩石劣化机理研究[D].重庆:重庆大学,2010.

[148] 周莉,韩朝龙,梦祥民,等.砂岩单面吸水强度软化实验[J].黑龙江科技学院学报,2012,22(3):320-324,3.

[149] 郝耐,张秀莲,王淑鹏,等.敦煌石窟砂岩吸水特性及力学效应试验研究[J].科学技术与工程,2017,17(12):21-26.

[150] 范祥,林杭,熊威,等.吸水率和吸水时间对红砂岩施密特硬度的影响[J].中国矿业大学学报,2015,44(2):233-240.

[151] 邹航,刘建锋,边宇,等.不同粒度砂岩力学和渗透特性试验研究[J].岩土工程学报,2015,37(8):1462-1468.

[152] 朱谭谭,靖洪文,苏海健,等.孔洞-裂隙组合型缺陷砂岩力学特性试验研究[J].煤炭学报,2015,40(7):1518-1525.

[153] 赵岩,王海龙,詹亮.单轴压缩下填充含缺陷砂岩力学性能试验研究[J].山西建筑,2017,43(8):49-51.

[154] 何显松,马洪琪,张林,等.地质力学模型试验方法与变温相似模型材料研究[J].岩石力学与工程学报,2009,28(5):980-986.

[155] 朱羽萌.孔隙率对软岩相似材料破坏影响的试验研究[D].青岛:青岛科技大学,2016.

[156] 肖慧.层状岩质边坡开挖过程相似模拟试验研究[D].昆明:昆明理工大学,2014.

[157] 肖杰.相似材料模型试验原料选择及配比试验研究[D].北京:北京交通大学,2013.

[158] 高哲.矿井水害相似模拟材料研究[D].西安:西安建筑科技大学,2012.

[159] 张鹏.海底隧道衬砌水压力分布规律和结构受力特征模型试验研究[D].北京:北京交通大学,2008.

[160] 徐前卫.盾构施工参数的地层适应性模型试验及其理论研究[D].上海:同济大学,2006.

[161] 郜卓.眼前山铁矿西端帮开采诱发岩层移动模型试验研究[D].北京:中国地质大学(北京),2017.

[162] 张庆贺.煤与瓦斯突出能量分析及其物理模拟的相似性研究[D].济南:山东大学,2017.

[163] 刘宇军,黄戡,张可能,等.模拟岩石性能的实验研究[J].建筑技术开发,2003,30(8):62-63.

[164] 白占平,曹兰柱,白润才.相似材料配比的正交试验研究[J].露天采煤技术,1996(3):22-23,18.

[165] 耿晓阳,张子新.砂岩相似材料制作方法研究[J].地下空间与工程学报,2015,11(1):23-28,142.

[166] 熊华,扶名福,罗奇峰.混凝土分段曲线损伤模型[J].力学季刊,2004,25(3):342-348.

［167］LEMAITRE J. A continuous damage mechanics model for ductile fracture［J］. Journal of Engineering Materials and Technology，1985，107(1)：83-89.

［168］曹文贵,赵衡,张玲,等.考虑损伤阀值影响的岩石损伤统计软化本构模型及其参数确定方法［J］.岩石力学与工程学报,2008,27(6):1148-1154.

［169］薛云亮,李庶林,林峰,等.考虑损伤阀值影响的钢纤维混凝土损伤本构模型研究［J］.岩土力学,2009,30(7):1987 1992,1999.

［170］杨圣奇,徐卫亚,韦立德,等.单轴压缩下岩石损伤统计本构模型与试验研究［J］.河海大学学报(自然科学版),2004,32(2):200-203.

［171］曹文贵,李翔.岩石损伤软化统计本构模型及参数确定方法的新探讨［J］.岩土力学,2008,29(11):2952-2956.

［172］李树春,许江,李克钢,等.基于 Weibull 分布的岩石损伤本构模型研究［J］.湖南科技大学学报(自然科学版),2007,22(4):65-68.

［173］冯志平.节理岩体结构面空间表征及其模型优化［D］.沈阳:东北大学,2013.

［174］王蓬.节理岩体结构面网络模拟［D］.上海:同济大学,2008.

［175］刘艳章.岩体结构面分布的分形特征及岩体质量评价研究［D］.武汉:武汉科技大学,2004.

［176］马文会,黄曼,马成荣,等.结构面粗糙度系数分形评价与采样间距的关联性研究［J］.科技通报,2017,33(12):30-34,113.

［177］侯迪.岩石节理抗剪强度与渗透特性试验研究［D］.武汉:武汉大学,2016.

［178］李玮.基于分形理论的储层特征及压裂造缝机理研究［D］.大庆:大庆石油学院,2010.

［179］曹海涛.基于分形理论裂缝面形态特征及渗流特性研究［D］.成都:成都理工大学,2016.

［180］宋磊博,江权,李元辉,等.基于剪切行为结构面形貌特征的描述［J］.岩土力学,2017,38(2):525-533.

［181］朱小明,李海波,刘博,等.含二阶起伏体的模拟岩体节理试样剪切特性试验研究［J］.岩土力学,2012,33(2):354-360.

［182］RE F, SCAVIA C. Determination of contact areas in rock joints by X-ray computer tomography［J］. International Journal of Rock Mechanics and Mining Sciences, 1999, 36(7): 883-890.

［183］陈世江,朱万成,王创业,等.考虑各向异性特征的三维岩体结构面峰值剪切强度研究［J］.岩石力学与工程学报,2016,35(10):2013-2021.

［184］温韬,刘佑荣,王康,等.基于分形理论的岩体结构面粗糙度影响因素研究［J］.人民长江,2015,46(10):56-60,82.

［185］贾洪强.岩石节理面表面形态与剪切破坏特性的实验研究［D］.长沙:中南大学,2011.

［186］张海鹏,杜时贵,雍睿.基于概率统计的结构面粗糙度各向异性和尺寸效应分析［J］.科技通报,2018,34(1):65-71.

［187］葛云峰,唐辉明,王亮清,等.天然岩体结构面粗糙度各向异性、尺寸效应、间距效应研究［J］.岩土工程学报,2016,38(1):170-179.

［188］陈世江,朱万成,刘树新,等.岩体结构面粗糙度各向异性特征及尺寸效应分析［J］.岩

石力学与工程学报,2015,34(1):57-66.

[189] GRASSELLI G, WIRTH J, EGGER P. Quantitative three-dimensional description of a rough surface and parameter evolution with shearing[J]. International Journal of Rock Mechanics and Mining Sciences, 2002, 39(6):789-800.

[190] TSE R, CRUDEN D M. Estimating joint roughness coefficients[J]. International Journal of Rock Mechanics and Mining Sciences & Geomechanics Abstracts, 1979, 16(5): 303-307.

[191] 李朋,王来,郭海燕,等.基于 FBG 传感技术的立管涡激振动过程分析[J].振动、测试与诊断,2017,37(2):240-248,400.

[192] ZHANG Z, NEMCIK J. Fluid flow regimes and nonlinear flow characteristics in deformable rock fractures[J]. Journal of Hydrology, 2013, 477(1):139-151.

[193] LIU R, LI B, JIANG Y. Critical hydraulic gradient for nonlinear flow through rock fracture networks: The roles of aperture, surface roughness, and number of intersections[J]. Advances in Water Resources, 2016(88):53-65.

[194] JI S, LEE H, YEO I W, et al. Effect of nonlinear flow on DNAPL migration in a rough-walled fracture[J]. Water Resources Research, 2008, 44(11):636-639.

[195] 王报,王媛,牛玉龙.基于离散标准节理粗糙度系数曲线的粗糙单裂隙等效水力隙宽的确定[J].水电能源科学,2017,35(4):77-80,62.

[196] LOUIS C. Rock hydraulic in rock mechanics [M]. New York: Springer-Verlag, 1974.

[197] 速宝玉,詹美礼,赵坚. 光滑裂隙水流模型试验及其机制初探[J].水利学报,1994 (5):19-24

[198] ROMM E S. Flow characteristics of fractured rocks[M]. Moscow: Nedra Publishing House, 1996.

[199] 朱红光,易成,谢和平,等. 基于立方定律的岩体裂隙非线性流动几何模型[J]. 煤炭学报,2016,41(4):822-828.

[200] 尹乾.复杂受力状态下裂隙岩体渗透特性试验研究[D].徐州:中国矿业大学,2017.

[201] 李兴才.零或负有效应力及其对岩体物性影响的野外证据[J].地震学报,1988,10 (2):164-170,225.

[202] 朱红光,易成,马宏强,等.几何粗糙对岩体裂隙非线性流动的影响机制[J].煤炭学报,2017,42(11):2861-2866.

[203] 朱红光,易成,姜耀东,等.裂隙交叉联接对采动岩体中流体流动特性的影响研究[J].中国矿业大学学报,2015,44(1):24-28.